世界の子どもの？に答える

30秒でわかる

地球

Original Title
EARTH IN 30 SECONDS

This book was conceived, designed and produced by

Ivy Press

CREATIVE DIRECTOR Peter Bridgewater
PUBLISHER Susan Kelly
COMMISSIONING EDITOR Hazel Songhurst
MANAGING EDITOR Hazel Songhurst
PROJECT EDITOR Cath Senker
ART DIRECTOR Kim Hankinson
DESIGNER Kevin Knight
ILLUSTRATORS
Melvyn Evans (colour)
Marta Munoz (black and white)

Printed in China

Colour origination by Ivy Press Reprographics

Japanese translation rights arranged with
The Ivy Press Limited
through Japan UNI Agency, Inc., Tokyo

[著者·監修者]
アニータ・ガネリ
Anita Ganeri
子供向け科学読み物などの著作多数。

チェリス・モーゼズ
Dr Cherith Moses
博士。サセックス大学地学部長。

[訳者]
原田勝
(はらだ·まさる)
翻訳家。訳書に『ペーパーボーイ』『ハーレムの闘う本屋』ほか多数。

[編集協力]
小都一郎

世界の子どもの？に答える

30秒(びょう)でわかる

地球(ちきゅう)

アニータ・ガネリ 著

チェリス・モーゼズ 監修

原田勝 訳

三省堂

Contents
もくじ

60秒でわかる
驚くべき惑星、地球

地球は広大な宇宙の中のちっぽけな点にすぎませんが、わたしたちの知るかぎり、生き物が暮らしていける唯一の惑星です。地球ができたのは約50億年前というとてつもない大昔ですが、それでいて今も、火山が噴火して新しい陸地ができることがあります。地球はあまりに巨大なので、裏側まで穴を掘ったら20年以上かかると言われています。また、数百万にもおよぶ生物種が生息していて、その一部はあまりに小さくて、顕微鏡でなければ見えません。

この本では、宇宙のどこに地球があるのか、ということから始めて、未来のためにこの惑星を守りつづけていく大切さまで、地球にまつわる興味深い30の話を紹介していきます。

氷におおわれた極地や乾燥した砂漠、そびえたつ山々や海底のさまざまな地形など、わたしたちの惑星にある数々の自然の驚異、そして激しい気象現象や火山の噴火など、休みなく活動するこの星のドラマを明らかにしていきます。

本書は各項目ごとに、1ページで要点を理解できるようになっています。大事なことをひと目で確かめるには「3秒でまとめ」が便利。そのあとは、地球探偵になって、ほとんどの項目に用意されている「3分でできる」課題にとりくんでみましょう。なぜ地球には昼と夜があるのかを自分の目で確かめ、どうやって山ができるのかを知り、びんの中にミニ竜巻を作ってみてください。そうすれば、この惑星のしくみに、さらにくわしくなれるでしょう。

宇宙の中の地球

宇宙は数えきれないほど多くの銀河でできていて、ひとつひとつの銀河は宇宙空間をすさまじい速度で移動しています。ひとつの銀河は数千億個もの恒星の集まりです。天の川銀河（または銀河系）と呼ばれる銀河の中に、太陽という恒星があり、そのまわりを8つの惑星が回っていて、太陽の側から数えて3つめの惑星が地球です。この章では、宇宙における地球の位置と、地球の動きがどうやって昼と夜を、そして季節を作りだしているかを知ることができます。

宇宙の中の地球

用語集

天の川銀河(銀河系)　わたしたちがいる銀河の名前。

宇宙　宇宙空間全体とその中にあるものすべてを指し、地球や、あらゆる惑星・恒星をふくむ。

北半球　地球の赤道より北側の半分。

軌道　宇宙空間で、ある天体が別の天体のまわりを回る際になぞる曲線。惑星は恒星の、衛星は惑星のまわりの軌道を回って(公転して)いる。

極　地球の地軸の両端にある二点。

銀河　宇宙空間にある恒星、惑星、その他の天体の集まり。わたしたちがいる銀河を「天の川銀河」、または「銀河系」と呼ぶ。

恒星　互いの位置をほとんど変えず、太陽のように自ら熱や光を出している天体。

公転　ある天体がほかの天体のまわりを軌道に乗って回ること。地球は太陽のまわりを公転している。

自転　天体が自らの自転軸を中心に回ること。地球は地軸を中心に自転している。

赤道　地球の表面をぐるりと巻いている想像上の線で、南北の極から等しい距離にある。

太陽系　太陽とそのまわりを回っているすべての惑星。

地軸　地球の中心を南北につらぬく想像上の線で、地球はこの軸を中心に回転(自転)している。

南半球　地球の赤道より南側の半分。

惑星　宇宙空間にある大きな球形の物体で、太陽のような恒星のまわりを動き、その恒星から光を受ける。

30秒でわかる
宇宙における位置

地球は宇宙空間で太陽のまわりを回っている8つの惑星のひとつです。わたしたちが暮らしている太陽系は、太陽と地球、そして、水星、金星、火星、木星、土星、天王星、海王星からなっています。太陽系は広大な宇宙のほんの小さな一部分にすぎません。そして宇宙は、この世に存在するすべてのものでなりたっています。そう言われても想像することさえむずかしいですね！

地球も、ほかの7つの惑星も、太陽のまわりを楕円を描いて回っていて、この楕円のことを軌道、軌道をなぞって周回する動きを公転と呼びます。地球は太陽から平均1億4959万7871㎞はなれた位置にあり、この軌道に乗って太陽のまわりを1回公転するのに、およそ365日かかります。

科学者たちは、太陽系全体が、ガスや塵からなる巨大な雲の一部をもとにしてできたのは、50億年近く昔のことだと考えています。わかっているかぎりでは、地球は生命を維持することのできる宇宙でただひとつの場所ですが、ほんとうにそうなのかは、だれにもわかりません。

3秒でまとめ

地球は太陽のまわりを回る8つの惑星のひとつ。

3分でできる「太陽と惑星の大きさを知ろう」

用意するもの：模造紙（1m×1m）、ひも（55㎝）、鉛筆、セロテープ、はさみ、定規、いろいろな大きさの丸いシール、惑星の形をとるための硬貨、ゲームで使う丸い駒やびんのふた、余分な紙。

❶ まず太陽を作る。ひもが50㎝の長さになるよう鉛筆に結びつける。ひもの端を模造紙の中央にセロテープで固定したら、ひもを引っ張りながら円を描こう。

❷ 次に、惑星を作る。右の表を使って、それぞれの直径に近いシールや、丸い物で形をとって切りぬいた紙片を順にならべ、紙の太陽系を完成させよう。

直径：

太陽	1m
水星	0.4㎝
金星	0.9㎝
地球	0.9㎝
火星	0.5㎝
木星	10㎝
土星	8㎝
天王星	3.6㎝
海王星	3.5㎝

地球は太陽系の8つの惑星のひとつで、太陽の側から数えて3つ目の惑星。

宇宙空間から見ると、地球は青く見えるが、それは地表の3分の2が水でおおわれているから。

地球の1年の長さは365日。これは地球が太陽のまわりを一周するのにかかる時間だ。

地球の軌道

地球の軌道の長さは9億3990万km。

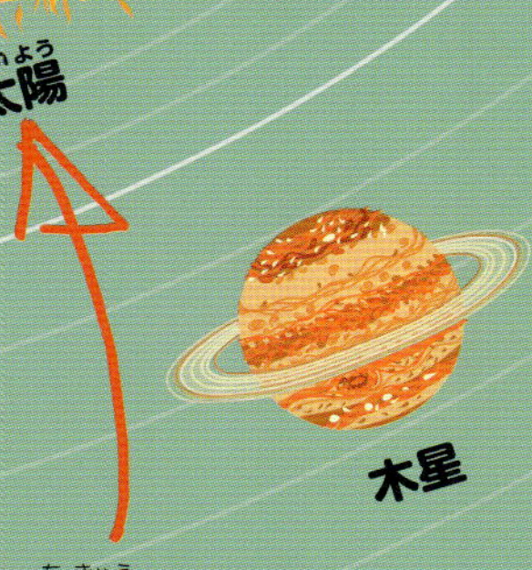

太陽は地球とくらべると、とてつもなく大きい。地球を横に109個ならべると、太陽の直径と同じ長さになる！

30秒でわかる

自転する地球

わたしたちは常に動いています！　みなさんの足の下にある地球は、地軸（北極から南極まで地球の中心をつらぬいている想像上の線）を中心に、非常にゆっくりと回転しているのです。この回転のことを自転と呼びます。

地球は休むことなく回転していますが、とてもなめらかに、そして一定の速度で回っているので、わたしたちは動いていることをまったく感じません。

地球が1回自転するのに、23時間56分4秒かかります。そのあいだに、どの場所もいったんは太陽にむきあって、昼間になります。その後、同じ場所は太陽からはなれるように動き、夜になります。地球の片側が昼間の時、反対側は夜です。あなたが起きて朝ごはんを食べようとしている時、世界の裏側では、みんな寝るしたくをしているのです！

昼のあいだ、太陽は空を横切って動いているように見えます。しかし、実際には、太陽はまったく動いていません。動いているのは地球のほうです。地球は常に同じ方角、東にむかって自転しています。だから太陽は、毎日、東から昇って西に沈んでいくように見えるのです。

3秒でまとめ

地球は地軸を中心に自転し、昼と夜を作る。

3分でできる「自転する地球」

どうして昼と夜ができるのかを理解するために、地球のかわりになるサッカーボールと、太陽のかわりをする懐中電灯を使った実験をやってみよう。ボールには、あらかじめ各大陸の輪郭を示すテープを貼っておく。カーテンをしめて部屋を暗くし、ボールを回しながら友だちに懐中電灯で照らしてもらおう。すると、ボールに貼った大陸の輪郭が、光の中に現われては、また暗闇の中へ消えていく様子が確かめられる。

地球は地軸を中心に自転しているが、太陽は動かない。

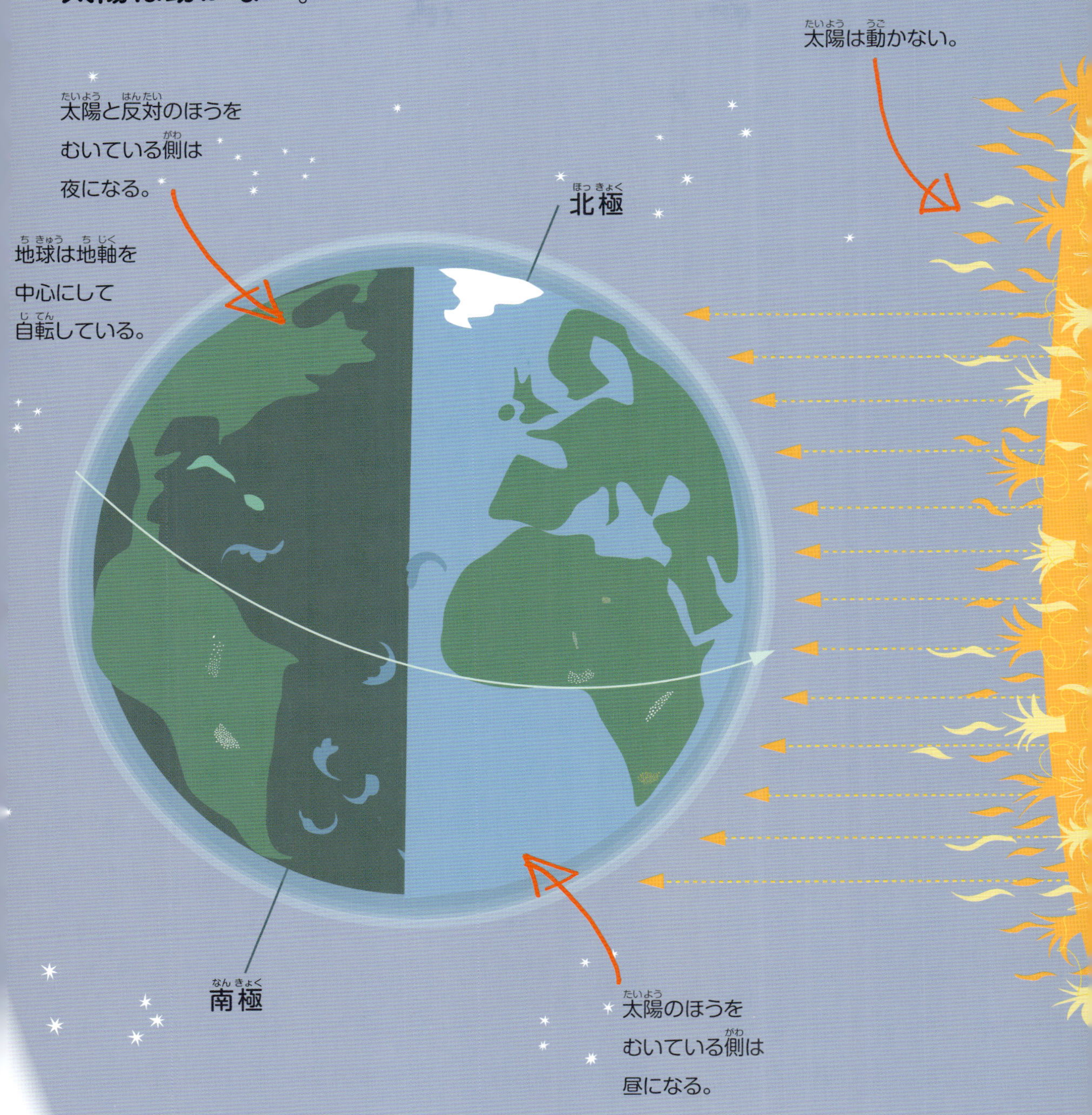

30秒でわかる
変わっていく季節

地球がかたむいていることを知っていましたか？　地球の地軸は、23.4度かたむいています。だから、太陽のまわりを公転しているうちに、場所ごとに受ける光と熱の量が、1年を通して変わっていきます。これによって季節が生まれます。

地軸がかたむいているために、北極が太陽のほうをむいている時期は、北半球では夏になります。気温が上がり、昼が長くなります。同じ時期、南半球では冬です。気温は低く、昼は短くなります。

南極が太陽のほうをむいている時期は、季節がこれと逆になります。北半球では冬に、南半球では夏になるのです。夏と冬にはさまれた時期には、赤道と極の中間あたりにある場所では、春や秋になります。ひとつの季節はそれぞれ約3か月続きます。

赤道付近の場所は、地軸のかたむきによる影響をほとんど受けません。常にほぼ太陽のほうをむいているので、年中暑くなり、1年は雨の多い時期と乾燥している時期にわかれます。北極と南極では季節は2つ、半年が冬で半年が夏です。

3秒でまとめ

季節があるのは、
地球の地軸が
かたむいて
いるから。

3分でできる「季節を示せ」

地球儀、または北極と南極の印をつけたボールを、手にもってかかげる。友だちには、太陽に見たてたビーチボールをもってもらう。次に地球儀をかたむけたまま、太陽のまわりをゆっくりと歩いてみる。北半球が夏だと思うところで止まってみよう。正しいかどうかは、右ページのイラストを見て確かめよう。

季節があるのは、地球が公転しているあいだに、
地球上のそれぞれの場所が、
太陽に正面から向きあったり、ななめに向きあったりするから。

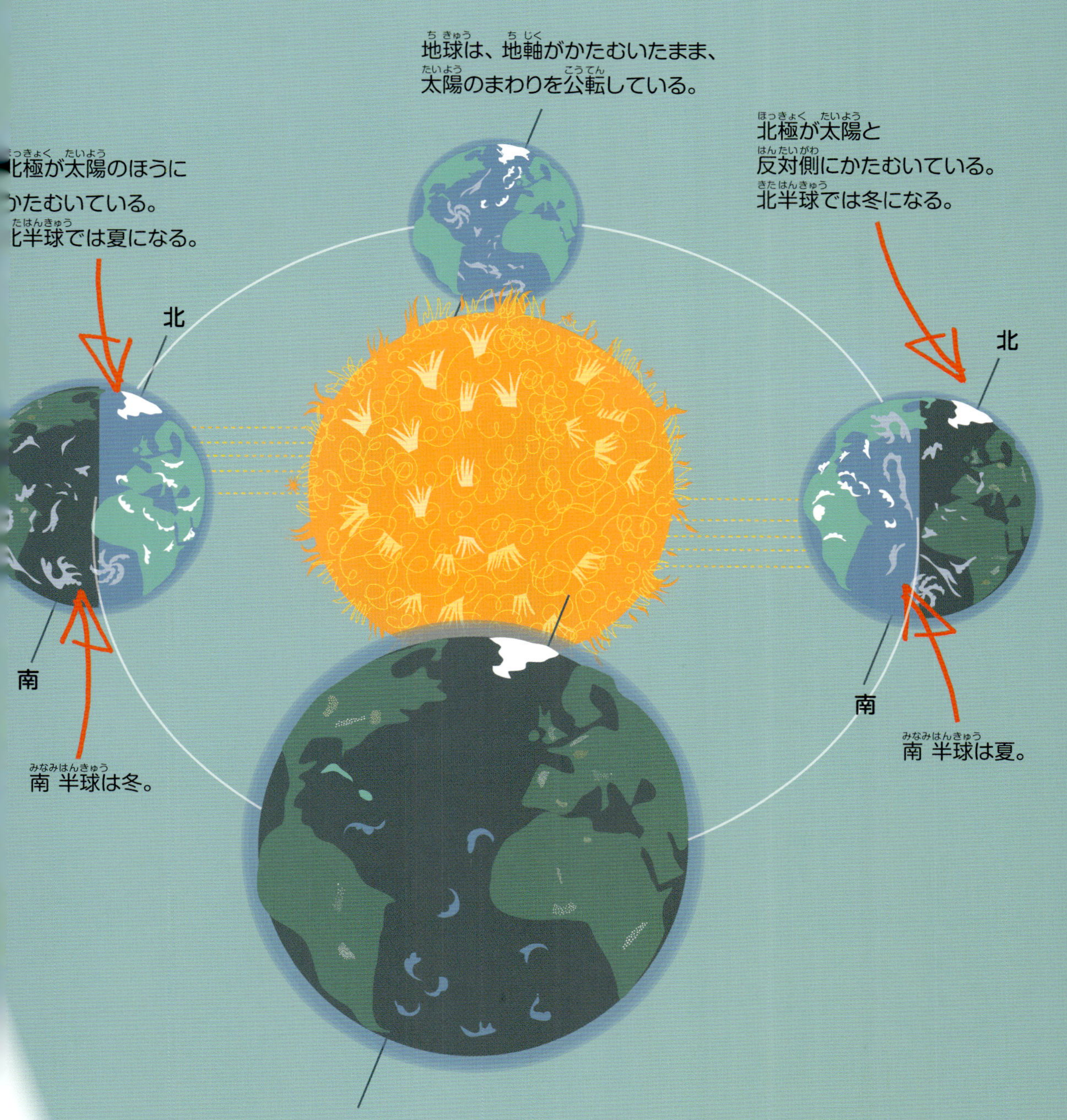

地球の構造

外を歩いている時、立ち止まって、自分の足の下でなにが起きているか考えることはありますか？　わたしたちの惑星はいったいなにでできているのでしょう？あなたが歩いている地面は固い岩でできていますが、じつは、いつもじっとしているわけではありません。長い年月のあいだには、割れたり、動いたりして、今ある大陸や山々を作り、あるいは激しい地震を起こし、火山を生んできました。この章では、今も活動を続ける地球についての知識を深めます。

地球の構造
用語集

核　地球のもっとも内側にある部分。

火成岩　マグマが冷えて固まってできる岩石。

地震波　地震によって発生した振動が、地表や地中を伝わっていく時の波動。

褶曲山地　2つのプレートが衝突した際に、地面がくずれてもりあがり、巨大なひだ(褶曲)となってできる山。

侵食　地表が、流水や風、波などの自然作用によって徐々にけずられていくこと。

堆積岩　水の底や地表に積もった小石や砂や泥などによってできる岩石。

大陸　ヨーロッパ、アジア、アフリカといった、地球上にある大きな陸地。

大陸移動　大陸がお互いに近づいたり、遠ざかったりするゆっくりとした動き。

地塊山地　地殻が割れたりさけたりした時に、広大な面積の地面が押しあげられてできる山。

地殻　地球のもっとも外側にある層。わたしたちが歩いている地面。

プレート　地球の表面を形成している巨大な板状の岩盤。

変成岩　熱や圧力の作用でできる岩石。

マグマ　地球の地殻の下にある、非常に高温の溶けた岩石。

マントル　地殻の下にあり、核をとりかこんでいる地球の一部分。

溶岩　火山から地表に出てきた高温の溶けた岩石。

溶岩円頂丘　地下のマグマが地表に出たり、あるいは地面を押しあげたりしたのちに冷えて固まってできる、ドームのような形をした山。

30秒でわかる
地殻から核まで

地球は完全な球体ではありません。上下が少し平らになった、ゆがんだ球体で、赤道のあたりが横にふくらんでいるのです。みなさんが歩いている固い地面は、地球の地殻という部分にあたります。

地殻の厚さは場所によってさまざまです。大陸の下では平均35kmの厚みがありますが、海の下では6kmから10kmしかありません。

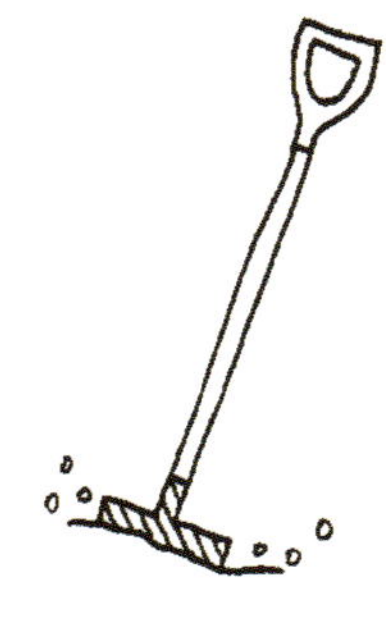

地殻の下には、マントルと呼ばれる岩石の層があります。マントルは、非常に高温で、一部は溶けて、マグマと呼ばれる、やわらかい液状の岩石になっています。

マントルの下には地球の核があります。核は、外核と内核という二層にわかれています。外核は液状の金属、主に鉄とニッケルでできています。内核は固形の金属で、なんと4500℃もの高温です。それでいて溶けてしまわないのは、周囲をかこんでいる各層の重さが、強い圧力となって内核にかかっているからです。

3秒でまとめ

地球は
地殻から
核まで
いくつかの層で
できている。

地球の中心

地殻から地球の中心までの距離は約6400km。歩いて行くことができるとしたら、ノンストップで53日もかかる計算になる！　今のところ、人間が掘ったもっとも深い穴でも、わずか12kmほどの深さしかない。

地球はおもに3つの層でできている。地殻、マントル、そして核だ。

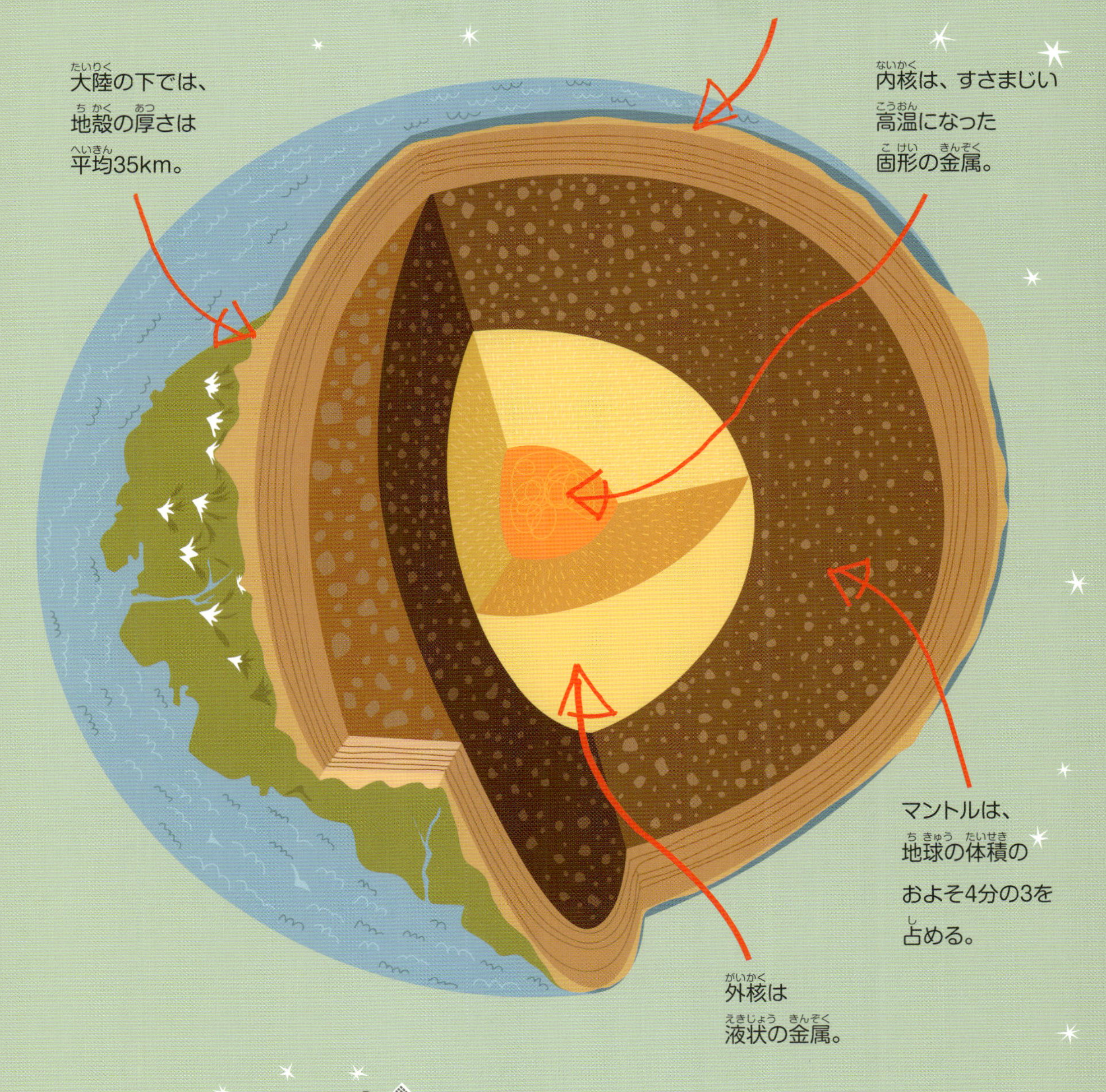

30秒でわかる さまよう大陸

大陸は動いている！　地球の地殻は、プレートと呼ばれる、いくつかの巨大な部分にわかれています。プレートには大きなものが7つ、小さなものがたくさんあります。プレートはみな、毎年数センチメートルほど動き、その上に乗っている大陸も一緒に動きます。この動きを、大陸移動と呼びます。プレートは、その下にあるマントルのやわらかい層の上を移動していきます。

接していたプレートが互いにはなれていく方向に動くこともあれば、また、接したまま横にずれることもあります。時には、2つのプレートの端が衝突することもあります。こうした動きが地震や火山を生み、山を作るのです。

大陸移動は、はるか昔から続いている現象です。約2億5000万年前、今あるすべての大陸はひとつにまとまっていて、パンゲアと呼ばれる超大陸を作っていました。パンゲアは、のちにわかれてローレシア大陸とゴンドワナ大陸になります。その後、ゴンドワナ大陸は分裂し、南極大陸、南アメリカ、アフリカ、インド、東南アジアの一部とオーストラリアになります。ローレシア大陸は、北アメリカ、ヨーロッパ、アジアにわかれました。

地球の地殻は
いくつかに割れて
ゆっくりと
動いている。

3分でできる「おかゆプレートテクトニクス」

大人の人に手伝ってもらい、おかゆを作ってみよう。できたてのおかゆは、マントルのやわらかい部分のように、熱くてどろどろしている。少しさますと、おかゆの表面に、地球の地殻のような冷たい膜ができる。そのあと、おかゆをもう一度温めると、表面の膜が動き、火山が噴火する時のように、「地殻」を破って泡が出てくるはず。

（「テクトニクス」とは、地形が作られる過程を説明する理論のこと。）

地球上の大陸は7つのプレートに乗って動いている。長い年月をかけて、各大陸は今ある位置に移動してきた。

2億5000万年前

パンゲアと呼ばれる、超大陸がひとつあるだけだった。

2億年前

パンゲアがローレシア大陸とゴンドワナ大陸にわかれる。

6500万年前

ゴンドワナ大陸が、アフリカと南アメリカなどにわかれる。その後、ローレシア大陸が北アメリカ、ヨーロッパ、アジアにわかれた。

現在

今は7つの大陸がある。

30秒でわかる
岩石と鉱物

地面を掘っていくと、やがて固い岩石につきあたります。岩石は地球の地殻を作っている建築ブロックのようなものです。

岩石には、さまざまな形や組織や色のものがありますが、大きく3つの種類にわかれます。

火成岩は、地中深くにある高温のマグマがもとになっています。マグマが火山から噴出したあと、あるいは地中でそのまま冷えて固まると、玄武岩や黒曜石、花崗岩といった火成岩になります。

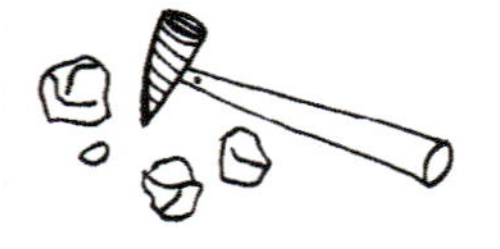

堆積岩は、もとの岩石が侵食されてできた小石や砂や泥と、小さな海の生物の死骸などからできています。こうしたものが非常に長い時間をかけて圧縮され（固く押しかためられ）、砂岩や石灰岩、チョークといった岩石の層になります。

変成岩は、火成岩や堆積岩が、地中深くの熱や、山が隆起する時の大きな力によって変質してできます。大理石や粘板岩、珪岩などがこれにあたります。

3分でできる「岩石の作り方」

岩石ができる時に、圧力と熱がどんな役割を果たすのか見てみよう！

用意するもの：白いパンと黒っぽいパン（各3切れ）、クッキングシート、重しにする本、電子レンジ、手伝ってくれる大人の人。

1. うすく切った白いパンと黒っぽいパンを交互に重ね、クッキングシートで包む。
2. その上に本をのせて押しつぶしてから、本をとりのぞく。
3. パンをそのまま電子レンジで1分間温める。熱と圧力でパンは固くなるはず。岩石も同じようにしてできる。

3秒でまとめ

地球の地殻はさまざまな岩石や鉱物でできている。

岩石には、
そのなりたちによって、
3つの種類がある。

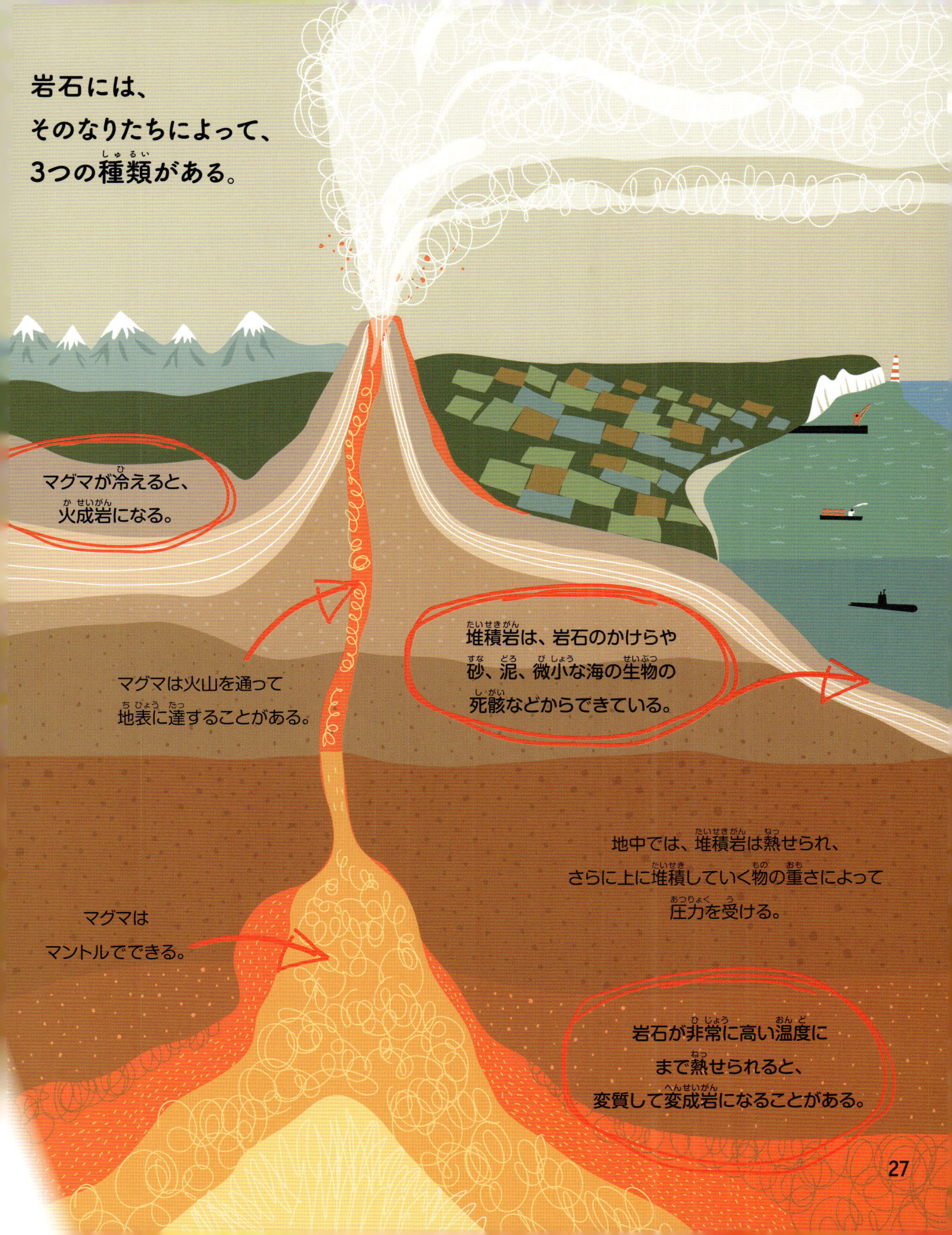

マグマが冷えると、
火成岩になる。

マグマは火山を通って
地表に達することがある。

堆積岩は、岩石のかけらや
砂、泥、微小な海の生物の
死骸などからできている。

地中では、堆積岩は熱せられ、
さらに上に堆積していく物の重さによって
圧力を受ける。

マグマは
マントルでできる。

岩石が非常に高い温度に
まで熱せられると、
変質して変成岩になることがある。

30秒でわかる
火山

火山は、地中深くにあるマグマやガスが圧力を受け、地殻のすきまを通って無理に地表に出てこようとする際にできます。マグマは地表に出て、赤熱したどろどろの岩の流れとなることもあれば、爆発して火山灰や粉塵の雲を作ることもあります。

世界にはおよそ1500の活火山（活動している火山）があり、そのほとんどは、プレートの周囲に沿って分布しています。

マグマが地表に流れでると、溶岩と呼ばれます。溶岩の温度は1200℃にも達し、流れる速度は時速100kmにもなります。

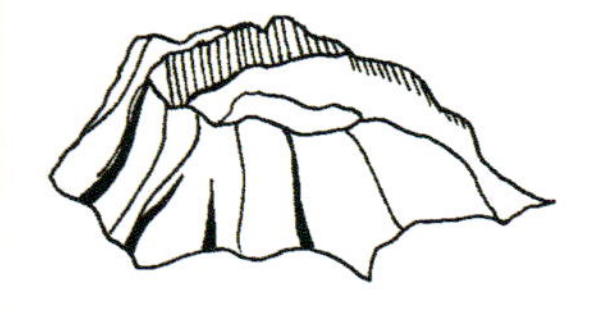

火山というと、円錐形をした山を思いうかべる人も多いでしょう。しかし、すべての火山があのような形をしているわけではありません。火山の形は、溶岩の粘り気や噴火の勢いによって変わります。固めで粘り気が強い溶岩は、高くて傾斜の急なドーム形の火山を作ります。密度が小さく粘り気の少ない溶岩は、盾を伏せたような、なだらかな火山をつくります。

火山は、マグマが無理に地表に出ようとする時に噴火する。

火山学者

火山学者の仕事は火山の研究だ。おもしろくてやりがいのある仕事だが、危険な目にあうこともある。中でも、活火山を研究し、周辺に住む人たちを守る方法を見つけようとしている火山学者は、噴火した火山のすぐ近くまで行くことがある。そうすると、噴火による大地のゆれをじかに感じ、爆発音や岩石の割れる大きな音を聞き、雨のようにふりそそぐ火山灰を体に受けることもあるだろう。火山学者になるには、理科、数学、コンピュータを学ぶ必要がある。

火山の噴火は、
地中深くにあるマグマやガスが、
無理に地表に出てこようと
する時に始まる。
噴火口から、火山灰、
有毒ガス、溶岩が
爆発して飛びちる。
火山が噴火
二つのプレートが
出会う場所では、
マグマが地表まで
上がってきて、
火山を作る。
溶岩
プレート
プレート
マグマだまり

30秒でわかる 地震

プレート同士が接している場所では、接触面が引っかかって動きが止まってしまうことがあります。それでも、プレートは動きつづけようとして互いを押しあうので、地中の圧力が高まります。そして突然、岩盤がずれて圧力が解放されると、すさまじい衝撃が四方に伝わっていきます。

その時、地面が激しくゆれます。これが地震です！　巨大地震の地震波は、地球上の数千キロはなれた場所まで伝わることがあります。建物は倒壊し、車は衝突し、送電線が切れることもありますし、人が死んだり、けがをしたりすることもあります。

地震学者の多くは、地震の大きさを表わすのに、マグニチュードという単位を用います。この単位は、地震の規模に応じて、つまり、地面が動いて発生したエネルギーの量に応じて、地震を0から10の段階に区分するものです。マグニチュードが1つ大きくなると、地震のエネルギーは約32倍大きくなります。ということは、マグニチュード4の地震は、マグニチュード2の地震の、なんと1000倍も強力なのです。

地震が
起きるのは
地球のプレートが
急に動いたから。

3分でできる「地震波」

地震による振動の波がどのように伝わっていくかを見るには、池に小石を投げこんでみるといい。波紋が広がっていく様子を観察してみよう。波は中心がもっとも大きく、外に広がっていくにつれて徐々に小さくなっていくはず。

下のウェブサイトにアクセスすれば、地震波が伝わっていく様子が動画で見られる。

http://www.jamstec.go.jp/j/jamstec_news/20110721/
（JAMSTECのホームページより）

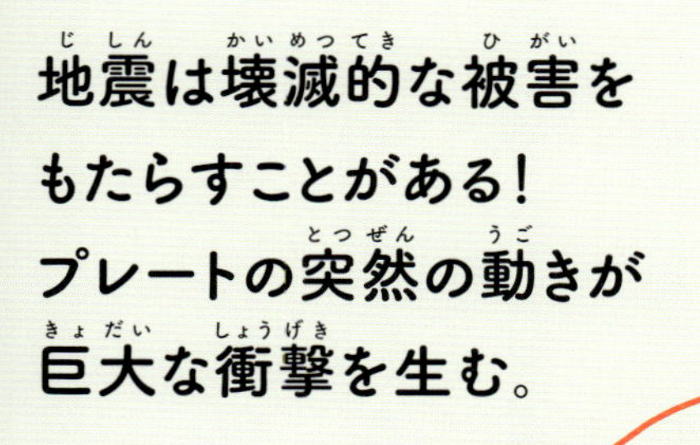

地震は壊滅的な被害を
もたらすことがある!
プレートの突然の動きが
巨大な衝撃を生む。

この断面図は、
動いているプレートの端と端が
引っかかった状態を示す。

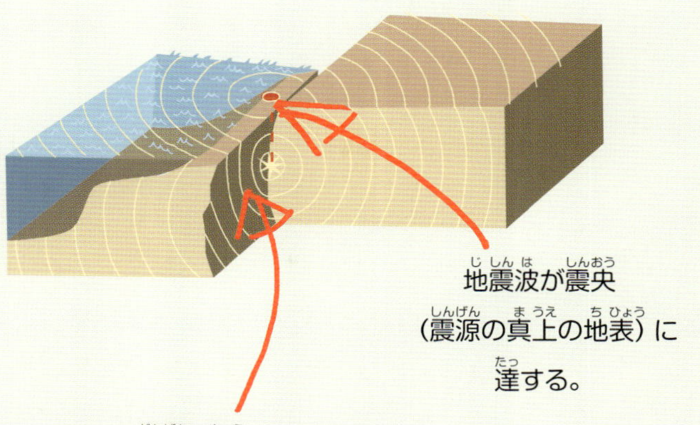

30秒でわかる
山

地球の地殻の動きが、世界中の大きな山のほとんどを作ってきました。2つのプレートが衝突すると、地面がくずれてもりあがり、巨大なひだ（褶曲）を作って、それが褶曲山地となります。アジアにあるヒマラヤ山脈も、そのようにして約4000万年前にできました。

地殻が動き、断層や亀裂のあいだにある地面が押しあげられると、地塊山地ができます。地塊山地は褶曲山地にくらべて、山頂が平らです。北アメリカのシエラネヴァダ山脈は地塊山地の集まりです。

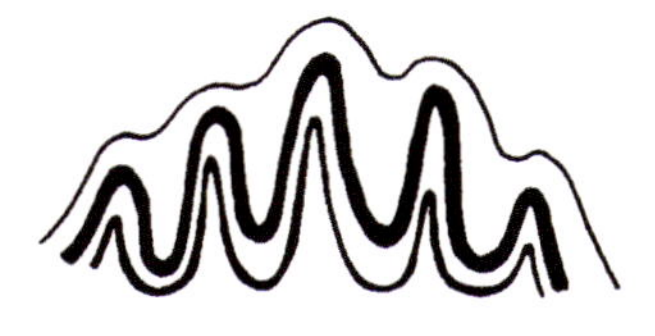

地下のマグマが地表に出たり、地面を押しあげたりしたのちに、冷えて固まってできるのが溶岩円頂丘です。北アメリカのブラックヒルズ山地はそのようにしてできました。火山が噴火して山を作ることもあります。タンザニアのキリマンジャロ山や、イタリアのエトナ山などがそうです。

山脈は数千キロメートルもの長さになることがあるのを知っていましたか？　地球上でもっとも長い山脈は、南アメリカのアンデス山脈で、およそ7250kmあります。

3分でできる「山を作ろう」

きみだけの褶曲山地を作ってみよう。

用意するもの:板状にした色ちがいのカラー粘土（4種類）、木片（2つ）。

❶ 粘土を地層のように重ねていく。

❷ その左右に、プレートに見たてた木片をおく。

❸ プレートが衝突する時のように、
木片を互いに近づけるように押してみよう。

❹ 強く押せば押すほど、粘土の層は大きく曲がったひだを作るはず。

3秒でまとめ

地殻が動いて、
大きな
山脈を作る
ことがある。

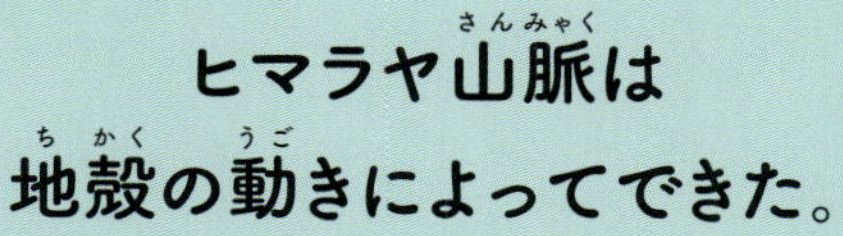

ヒマラヤ山脈は地殻の動きによってできた。

インドをのせて動いている
プレートが、アジアの残りの地域をの
せて動いているプレートにぶつかり、
下にもぐりこんでいった。

こうして
ヒマラヤ山脈が
できていった。

インドプレート

アジアプレート

2つのプレートが
互いに押しあい、
地殻がゆがみながら
押しあげられた。

ヒマラヤ山脈は地球上で
もっとも高い山脈となり、
今も成長を止めていない！

気象と気候

今あなたがいる町は、どんな天気ですか？　天気をはじめとするさまざまな気象現象は、地球の大気が太陽光線で温められることによって起こります。「気象」は、毎日、常に起きているものです。それに対して、「気候」は、ある場所での長い期間にわたる気象のパターンのことで、極地での身を切るような寒さから、熱帯のむしむしとした暑さまで、さまざまです。この章では、わたしたちの頭の上にふってくる雨が、じつは今までにも何度もふってきたことがあるのだということを説明し、さらに、地球上で吹くもっとも激しい風についてもふれています。

気象と気候 用語集

温帯　中緯度地帯に広がる、暑すぎず、寒すぎない、おだやかな気候の地域。

外気圏　惑星の大気のすぐ外側の部分。

がれき　破壊された建物などの残骸。たとえば竜巻が起きると、強風で木材や金属、レンガなどのがれきが遠くまで吹きとばされる。

寒帯　南極・北極の周辺に広がる寒冷な気候の地域。

気圧　地表にかかる大気の圧力。

気候　ある場所に見られる、くりかえし起きる気象のパターン。

凝結　水蒸気が水に変わるなど、気体が液体に変わる現象の一種。

気流　一定方向に動いている空気の流れ。

巻雲　空の高いところにできる薄い雲の一種。

高積雲　空の中ほどの高さにできる雲の一種。ひつじ雲。

蒸発　水が水蒸気に変わるなど、液体が気体に変わる現象の一種。

水蒸気　水が蒸発して気体となったもの。

スーパーセル　異常に発達した巨大な積乱雲で、竜巻や激しい雷雨を伴う。

成層圏　地球の大気のうち、地表から高さ約16kmから50kmくらいまでの層。

積雲　空の低いところにできる、厚みのある白い雲。

積乱雲　底が平らで、上にむかって高く発達した大きな雲。雷雨の際によく見られる。

層積雲　空の低いところにできる白や灰色の雲。まとまって層になることもある。

大気　地球をとりまいている、さまざまな気体がまじりあったもの。

対流圏　地球の大気のうち、もっとも低いところにある、地表からの高さが約8kmから16kmくらいまでの層。

高潮　陸地に近いところで海水面が異常に上がる現象。風や激しい嵐によって発生する。

中間圏　地球の大気の一部で、成層圏と熱圏のあいだ、地表から高さ約50kmから85kmくらいのところにある層。

電荷　物質がもっている正負の電気、またはその量。

熱圏　地球の大気のうち、中間圏の上にある、地表からの高さが約85kmから500kmくらいまでの層。

熱帯　赤道の南北に広がる地域。一年中気温が高い。

ハリケーン　カリブ海やメキシコ湾、北太平洋北東部などで発生し、その後大きく発達した熱帯低気圧。太平洋北西部で発生したものは台風と呼ばれる。

微気候　特定のせまい地域の気候で、とくに周辺地域の気候と異なる場合。

目　台風やハリケーンなどの中心にある、雲や風のないところ。

漏斗雲　竜巻の渦の中心に沿って地上にのびる細長い雲。この周囲に強い風が渦を巻いていて、地上のものを巻きあげる。

30秒でわかる
地球の大気

地球の地表近くにいるわたしたちと、真っ暗な宇宙空間のあいだにはなにがあるのでしょう?　わたしたちの地球は、大気と呼ばれるさまざまな気体でできた巨大な毛布でくるまれています。大気にはいくつかの層があります。わたしたちが暮らしているのは対流圏で、地表から約8kmから16kmほどの高さまで広がっています。対流圏には酸素があるので、わたしたちは呼吸することができます。

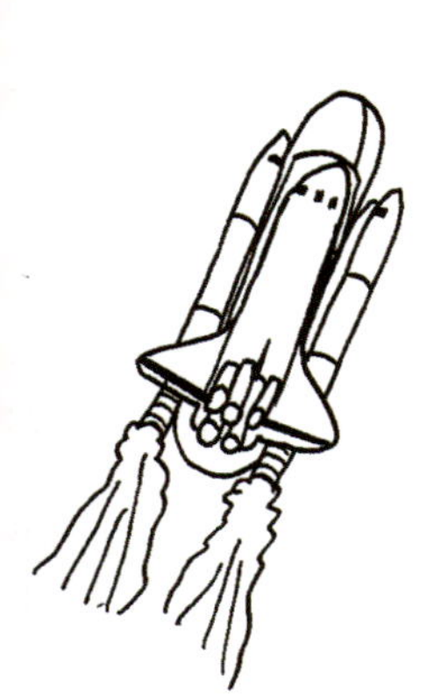

対流圏では、空気はじっとしていることがありません。気圧や気温の変化によって、空気は常にあちこちに動いています。そのおかげで、太陽の熱が世界中に広がり、気象現象を生むのです。

上から押しつぶされているようには感じないでしょうが、じつは大気中の空気の重さが、地球上のすべてのもの、つまり、わたしたちにもかかっています。これが気圧です。気圧は常に変化します。大気のうち、周囲より気圧が低いところを低気圧と呼びます。高気圧は周囲より気圧が高いところです。低気圧はふつう、湿度が高く、雲の多い天気をもたらします。高気圧は晴れて乾いた天気をもたらします。

3秒でまとめ

大気は
地球をくるむ
さまざまな
気体でできた
毛布。

3分でできる「気圧マジック」

用意するもの:10cm四方くらいの厚めの紙、ガラスのコップ、水。

1. ガラスのコップに水を3分の1くらい入れる。
2. コップの縁を水でぬらし、上に紙を乗せてしっかりと押さえる。
3. コップを流しにもっていき、ひっくりかえしたら、紙を押さえている手をそっとはなす。
4. すると、どうなるか?
   紙には、下からも気圧の力がかかっているので落ちてこないはず。

大気は地球をくるむさまざまな気体でできた毛布だ。

外気圏：宇宙空間にいたる、高度約10,000 kmまで。

国際宇宙ステーション 330km

熱圏：高度約500 kmまで。

人工衛星 160km

中間圏：高度約85 kmまで。

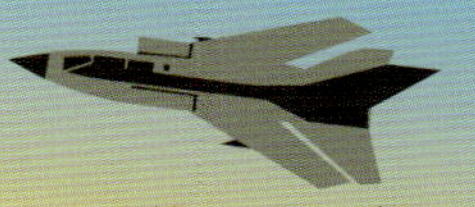

軍用ジェット機 35km

雷雲 13km

成層圏：高度約50 kmまで。

エベレスト 9km

旅客機 13km

対流圏：地表から高度約8〜16 kmまで。

30秒でわかる
水の循環

雨がわたしたちをぬらす時、その雨となっている水は、長い旅の途中にあります。海がその旅の出発点です。蒸発した海水は水蒸気となって大気中に広がります。水蒸気は目に見えませんが、空気中の水蒸気が多くなると、暖かくてじめじめしているように感じます。

水蒸気が冷えると、小さな水滴や氷の結晶になります。こうした水滴や氷の結晶が、空に浮かぶ雲を作るのです。そして、その水や氷の粒が一定の大きさになると、雨や雪として雲からふってきます。雨や雪解け水は地表を流れて川に集まり、海へと帰っていきます。

水は、海から大気、陸地、川や湖へと、常に移動しています。こうして水がめぐることを、水の循環と言います。

雲は水の循環の一部です。今度、外に出たら、雲の種類を見わけてみましょう。積雲は、厚みのある綿のような雲です。層積雲は、低いところにできる白や灰色の雲で、まとまって層になることもあります。積乱雲は、高くそびえて強い雨をふらせます。高積雲は、中くらいの高さにできる雲で、ひつじ雲とも呼ばれます。

水の循環とは、地表や大気中を水がめぐること。

3分でできる「雨を作ろう」

用意するもの：大きなガラスのボウル、お湯、アルミフォイルかラップ、製氷皿で作った氷。

1. お湯を深さ5cmくらいになるようにボウルに注ぐ。
2. アルミフォイルでボウルをしっかりとおおう。
3. アルミフォイルの上に氷をいくつかのせる。
4. ボウルに入れたお湯が蒸発して水蒸気になる。その水蒸気が冷えたフォイルにふれると凝結し、「雨」となって、またボウルの底の「海」に帰っていくのがわかるはず！

高積雲
積乱雲
層積雲
水蒸気が凝結して
水滴となり、
雲を作る。
太陽の熱で
温められた水が蒸発し、
大気中に広がる。
水の循環とは、
水が大気から地表へ、
そしてまた大気中へと
めぐっていく旅のこと。
水は雪や雨と
なってふる。
水は流れて海にもどる。

30秒でわかる

雷と稲妻

あなたがこれを読んでいる今この瞬間にも、世界中でおよそ2000もの激しい雷が起きています。落雷と稲妻は、地球上でもっとも目をうばわれる気象現象でしょう。

稲妻は、空気中を飛ぶ非常に強力な電気の火花です。稲妻は空気を摂氏数千度にまで熱することがあり、この熱によって空気が急激に膨張し、ゴロゴロという雷鳴が発生します。

積雲が発達しつづけ、積乱雲と呼ばれる高くそびえる雷雲になると、雷が発生します。積乱雲は高さが10kmを超えることもあります！　この雲の中では強い気流が上下していて、これによってぶつかりあう氷の粒が静電気を生み、大量の電気（電荷）がたくわえられていきます。雲の上のほうには正の電荷が、雲の底のほうには負の電荷がたまっていきます。

電荷の差が一定の大きさに達すると、雲の内部や、雲と雲のあいだ、雲と地面のあいだを電気が飛びます。これが稲妻としてわたしたちの目に見えるのです。雲の中で稲妻が走って雲が明るく光ることもあれば、雲から地面に落ちる枝わかれした稲妻が見えることもあります。

3分でできる

「雷までの距離をはかる」

光は音よりもはるかに早く伝わるので、雷鳴が聞こえる前に稲妻が見える。簡単なので、雷がどれくらいはなれているか調べてみよう。

❶ 稲妻が見えたら、ストップウォッチを押してはかりはじめる。

❷ 雷鳴が聞こえたら、ストップウォッチを止める。

❸ はかった秒数を3で割ると、雷までのおおよその距離がわかる。
音は3秒で約1km進むので、6秒かかったら、
その雷は約2km先で発生していることになる。

稲妻は
空気中を
飛ぶ
電気の火花。

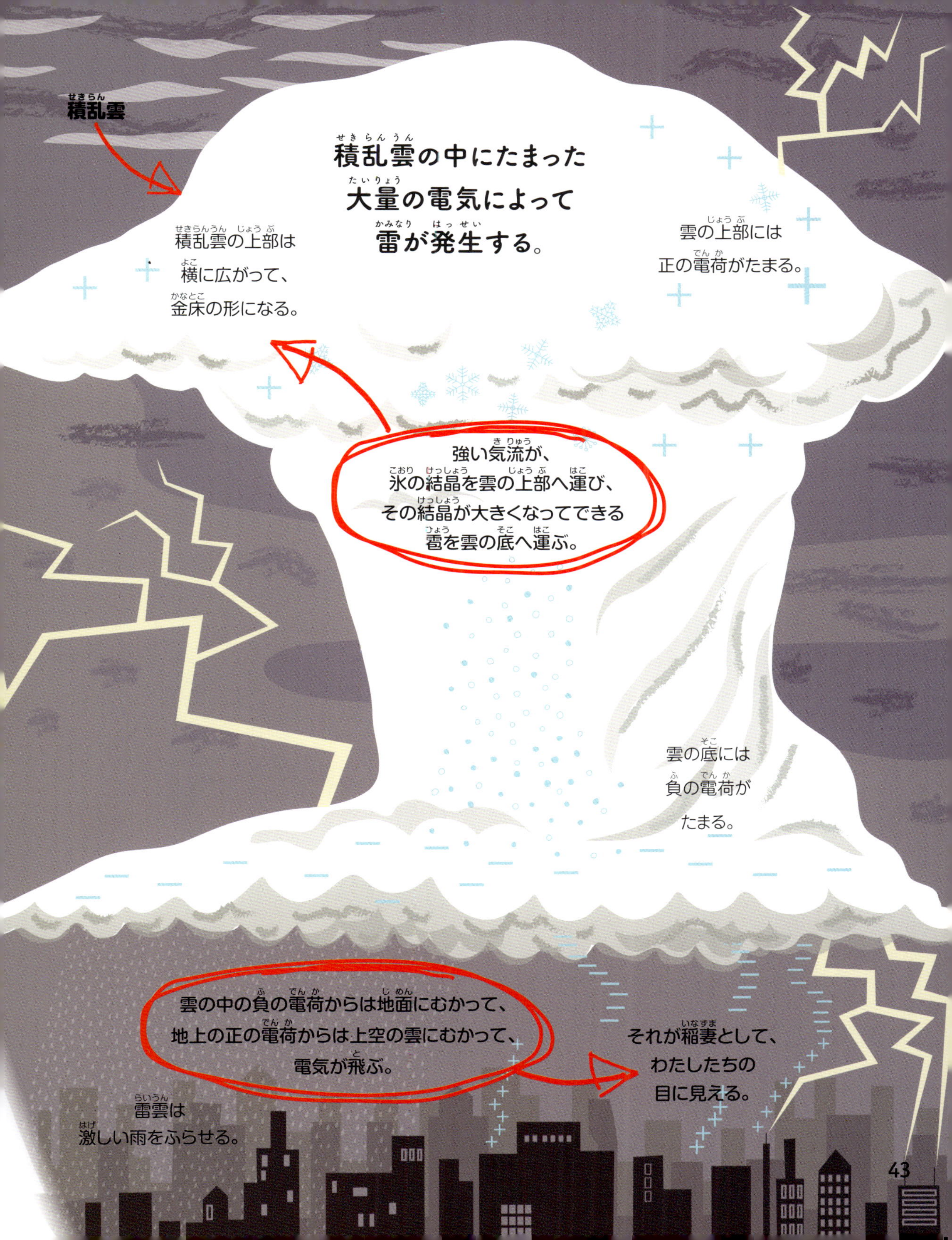

積乱雲
積乱雲の中にたまった
大量の電気によって
雷が発生する。
積乱雲の上部は
横に広がって、
金床の形になる。
雲の上部には
正の電荷がたまる。
強い気流が、
氷の結晶を雲の上部へ運び、
その結晶が大きくなってできる
雹を雲の底へ運ぶ。
雲の底には
負の電荷が
たまる。
雲の中の負の電荷からは地面にむかって、
地上の正の電荷からは上空の雲にむかって、
電気が飛ぶ。
それが稲妻として、
わたしたちの
目に見える。
雷雲は
激しい雨をふらせる。

30秒でわかる ハリケーン

ハリケーンは渦を巻く巨大な熱帯低気圧の一種です。ハリケーンが近づくと、風が非常に強くなり、滝のような雨がふり、海では波がとても高くなって、陸上では洪水が起きることがあります。

赤道近くの熱帯の温かい海の上で発生した低気圧の中には、その後、発達して、激しく渦を巻く熱帯低気圧に変わるものがあります。途中で消えてしまうものもありますが、通り道の温かい海からエネルギーを補給して、成長を続けるものもあります。風はどんどん強くなり、雲は高くそびえて雨をたっぷりとふくみます。

熱帯低気圧中の風が秒速33mに達すると、正式にハリケーンと呼ばれるようになります。シンプソン・スケールというハリケーンの強さを分類する基準があり、カテゴリー1からカテゴリー5の5つの等級に分かれています。カテゴリー5のハリケーンでは、風速がなんと秒速70mを超えます！

ハリケーンが海の上を移動していく時、高潮と呼ばれる海面の上昇が発生します。ハリケーンがその後陸地に到達すると、海水が内陸に流れこんで洪水を起こします。2005年、ハリケーン・カトリーナによる高潮で、アメリカ合衆国のニューオーリンズは大洪水にみまわれました。ハリケーンの強い風や激しい雨も、深刻な被害を引きおこすことがあります。

ハリケーンは非常に風の強い、渦を巻く巨大な熱帯低気圧。

ハリケーンの名前

すべてのハリケーンには名前がつけられる。世界気象機関が、毎年、名前のリストを発表し、6年ごとに同じリストが再び使われる。しかし、アンドリュー、ミッチ、カトリーナなど、大きな被害をもたらしたハリケーンの名前は二度と使われることはない。

ハリケーンは、
温かい熱帯の海の上で発生し、
上陸すると洪水を引きおこし、
大きな被害をもたらす。
目の周囲の雲の壁は、
「目の壁」と呼ばれる。
ハリケーンの中心には
雲がなく、
「目」と呼ばれる
穴ができる。
ハリケーンの回転方向は、
北半球では反時計まわり、
南半球では時計まわり。
ハリケーンは、
強い風と
激しい雨と
雷をもたらす。

30秒でわかる
竜巻

地球上でもっとも強い風は、竜巻の中で吹くことを知っていましたか？竜巻はねじれながら渦を巻く空気の柱で、これによって引きおこされる風は、秒速130mにもなります。これだけ強い風になると、建物をたたきこわしたり、車を吹きとばしたり、列車を線路からもちあげたりすることがあります。

竜巻は、スーパーセルと呼ばれる非常に強力な積乱雲の中で発生します。スーパーセル内の強い気流が、雲の底の部分で回転する空気の渦を作り、それが、しばしば漏斗雲と呼ばれる雲の柱とともにたれさがり、地表に達するのが竜巻です。

竜巻の周囲では空気が渦を巻きながら上昇していて、地上のものを破壊し、そのがれきを空中に巻きあげます。勢いよく巻きあげられたがれきは、何キロもはなれた場所に落下して、大きな被害をもたらすことがあります。竜巻の直径は3kmを超えることがあり、地表を移動する速さは時速115kmにも達します。

3秒でまとめ

竜巻は
回転する
空気の柱で、
すさまじい
風をともなう。

3分でできる
「びんの中の竜巻」

用意するもの：広口の大きな透明のガラスびん、食器用洗剤、食品用の着色料、水。

❶ ガラスびんに、水を口の少し下くらいまで入れる。
❷ その中に、食品用の着色料を数滴、食器用洗剤を数滴たらす。
❸ びんの中の水をかきまわし、ぐるぐる回転させる。
❹ 水の中に、竜巻に似た形ができるのが見えるはず。

竜巻とは、
スーパーセルと呼ばれる
強力な積乱雲の中で発生した
気流の渦が、
柱のように伸びて
地表にふれたもの。

30秒でわかる 気候帯

あなたは1年のうちに、どのような天気や気温や風を経験しますか？ある場所で起きる気象現象を、長期間にわたるパターンとして見たものが気候です。気候は、毎日の天気とはちがいます。もしあなたが、夏は暑くなる地域に暮らしているとしたら、涼しい日が2、3日あったとしても、その地域は夏が暑い気候だ、と言っていいでしょう。

世界中、地域によって気候は異なります。気候による地域の分類を気候帯と言います。主な気候帯は3つ、寒帯、熱帯、温帯です。

南極や北極に近い地域は寒帯です。一年中寒く、冬は凍りつくような寒さになり、暑い夏は来ません。赤道に近い地域は熱帯です。一年中、焼けつくような暑さで、雨の少ない乾季と雨の多い雨季がある地域もあります。熱帯と寒帯のあいだにある地域が温帯で、気温が高めの夏、低めの冬、そのあいだにめぐってくる春と秋、という四季があります。

ほかにも、寒くて湿度が高く、風が強い山岳気候や、非常に乾燥している砂漠気候といった気候帯があります。

3秒でまとめ

気候は一地域での長期間にわたる気象現象のパターン。

微気候

専門家によると、場所によっては、微気候と呼ばれる、特定のせまい地域にしか見られない気候がある。たとえば都会では、建物から出る熱のせいで、自然が残っている周辺の地域より気温が高くなる。また、山の上は寒くて風が強いが、谷間では風がさえぎられ、より暖かい微気候になっていることが多い。

地球には
3つの
主な気候帯、
寒帯・
熱帯・
温帯
がある。

水のある世界

わたしたちの暮らす地球の大部分は、水でおおわれています。その水は、5つの大洋と世界中の川や湖を作っているほかに、氷河や氷床として凍っているものもあります。この章では、世界で一番大きい湖や深い湖、川の水がたどる水源から海までの長い旅、そして、海の底にある驚くべき地形など、地球ならではの水のある世界について説明していきます。

水のある世界 用語集

引力　物体同士が互いを引きあう力。中でも、地上にある物を地球の中心にむかって引く力を重力という。空中で手から物をはなすと地面にむかって落ちていくのはそのせい。

海溝　海底にある深い谷。

海山　海中の山。

河口　川が海に流れこむところ。

河口域　川が海に流れこむ、川幅が広くなったところ。

火山湖　活動していない火山の火口にできた湖。

カール　氷河の侵食によって、谷の上部にできた、おわんのような形をしたくぼみ。

鉱物　地中にある自然にできた物質で、動植物の成分を含まないもの。たとえば、金や塩など。

三角州　川が運んできた堆積物で作られる三角形の陸地。川はしばしば、三角州の上をいくつかの細い流れに分かれて海にそそぐ。デルタともいう。

蒸発　水が水蒸気に変わるなど、液体が気体に変わる現象の一種。

侵食　地表が、流水や風、波などの自然作用によって徐々にけずられていくこと。

堆積物　水や風によって運ばれた砂や石、泥などの物質が、湖や川の底などにたまったもの。

蛇行　川が曲がりくねって流れること。

地溝湖　地球のプレートの動きによって、地面が広範囲にわたって上下にずれ、そのあとに残されたくぼみ(地溝)にできた湖のこと。

潮汐　月と太陽の引力によって起きる、海面が規則的に上下する現象。

バクテリア　もっとも単純で小さい生物。空気や水や土の中、あるいは生きている動植物やその死骸の中に大量に存在し、しばしば病気の原因となる。

氾濫原　川の左右にある平らな土地で、川が増水して氾濫すると水につかる。

氷河　山に積もった雪でできた巨大な氷の集まりで、非常におそい速度で谷を下っていることが多い。

プレート　地球の表面を作っている巨大な岩盤。

マグマ　地球の地殻の下にある、非常に高温の溶けた岩石。

三日月湖　川の蛇行した部分が川からとりのこされてできる湖。

岬　海岸から海に突きでた高い土地。

モレーン　氷河によって運ばれ、氷河が溶けたあとに残される土や岩石などの堆積物。

湾　海の一部だが、陸地によって周囲を一定以上の割合でかこまれた水面。

30秒でわかる

大洋と付属海

なぜ地球が、「青い惑星」と言われているか知っていますか？　それは、地表の3分の2以上が水でおおわれているからなのです。大洋と呼ばれる広い海が5つあります。太平洋、大西洋、インド洋、南極海、そして北極海です。

太平洋はもっとも広い大洋で、東西・南北の長さが、ともに地球の円周の半分近くあります。そして、その面積は、なんと、ほかの4つの大洋をすべて合わせたものとほぼ同じなのです！　北極海はいちばん小さい大洋で、ほとんど一年中、氷でおおわれています。

付属海は大洋の一部を形成しているせまい海域のことです。たとえば、地中海は大西洋の、アラビア海はインド洋の一部です。多くの付属海は、周囲の一部分を陸地にかこまれています。

地球上にあるすべての水のおよそ97パーセントが海にあります。海水が塩からいのは、さまざまな鉱物が溶けこんでいるからで、そのうち、もっとも多くふくまれているのが塩です。塩分の大半は陸上の岩石から出たもので、それが雨や川の流れによって海に流れこんでいるのです。塩分の一部は、海底火山から海に溶けたものです。

3秒でまとめ

地球の表面の
3分の2が
大洋と
付属海で
おおわれている。

海流

大洋の水は常に動いている。海流は風によって引きおこされる帯状の海水の流れで、海の上を巨大な川のように流れている。暖かい海水を運ぶ海流（暖流）もあれば、冷たい海水を運ぶ海流（寒流）もある。海流には、遠くはなれた場所まで熱を運ぶ働きがあり、流れのそばにある土地の天候に大きな影響を与えている。

地球をさまざまな角度から見て、
5つの大洋の位置を確かめよう。
北アメリカ
北極海
アジア
地中海
アメリカ
北大西洋
アフリカ
南アメリカ
南大西洋
アラビア海
アジア
アフリカ
インド洋
オーストラリア
北アメリカ
北太平洋
オーストラリア
南太平洋
南極大陸
南極海

30秒でわかる 海の中

海の中は、海面に近い部分は太陽の光で明るく照らされていますが、深くもぐっていくと、あっという間に暗くなります。水深100mより深くなると、あたりは真っ暗で、水温はとても低くなります。

海の底には驚くべき地形があります。大洋の底には、広大で平らな地面が広がり、その上を海洋生物の死骸などからできた堆積物がおおっています。2つのプレートが左右に別れていく場所には、中央海嶺と呼ばれる長い海底山脈がつらなっていて、ここに地中のマグマが上昇してきます。

海山と呼ばれる独立した山もあって、中には地上にあるどの山より高いものもあります。また、大洋の海底にある深い谷を、海溝といいます。

もっとも深い海溝は、太平洋にあるマリアナ海溝で、海面からこの海溝の底まで10,900m以上あるとされています。つまり、世界最高峰のエベレストをマリアナ海溝の中においても、頂上は海面にとどかず、水深1,600mの深さにあるのです！

3秒でまとめ

海の底には
平らな地面もあれば、
高い山や
深い海溝
もある。

ブラックスモーカー

中央海嶺の一部では、海底にできた噴出口から、超高温で黒色の熱水が噴きでている。こうした噴出口をブラックスモーカーと呼ぶ。噴出口のまわりには、水中の鉱物成分によって煙突に似た筒状のものが形成される。ブラックスモーカーの周辺には、長さ2mにもなるチューブワームや、カニやエビの仲間が生息している。こうした生物は、噴きでてくる熱水に含まれる鉱物成分を利用して成長するバクテリアをえさにしている。

海の底には、高い山もあれば深い海溝もあって、驚くべき地形が広がっている。

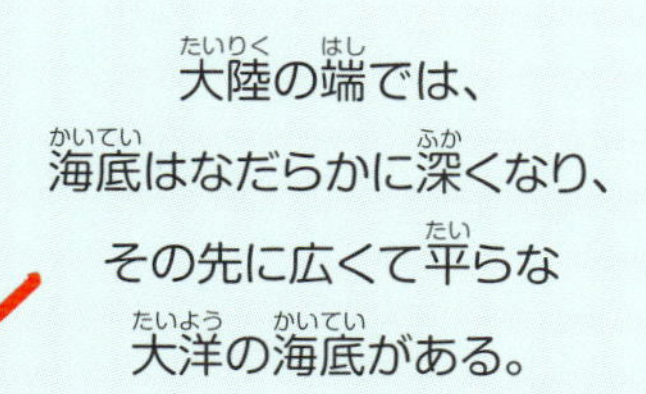

大陸の端では、海底はなだらかに深くなり、その先に広くて平らな大洋の海底がある。

大陸棚は、大陸の岸にそって広がる比較的浅い海底のこと。

大洋の海底は、海面からの深さが、3500 m から 4500 m ほどある。

中央海嶺

海山

海溝

プレート

マグマ

プレート

30秒でわかる 海岸

海岸は、海が陸地と出会う場所です。海岸では、風と波が強い力で岩を侵食しています。岩がけずられ、断崖や洞窟やアーチができ、地形が変わっていきます。

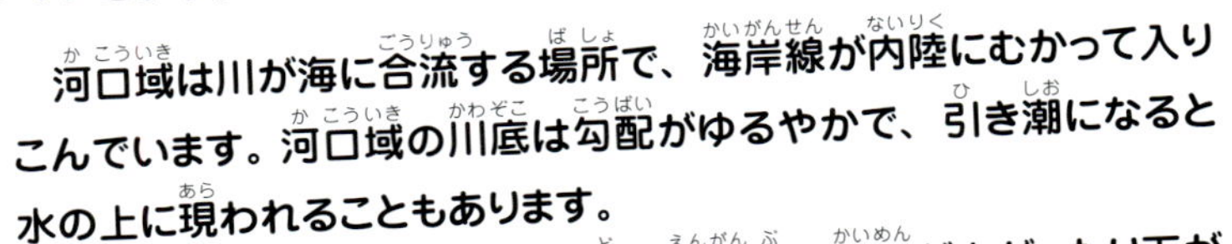

河口域は川が海に合流する場所で、海岸線が内陸にむかって入りこんでいます。河口域の川底は勾配がゆるやかで、引き潮になると水の上に現われることもあります。

ほとんどの地域では、1日に2度、沿岸部の海面が上がったり下がったりする潮汐という現象が見られます。これは、地球にかかる月の引力によるものです。

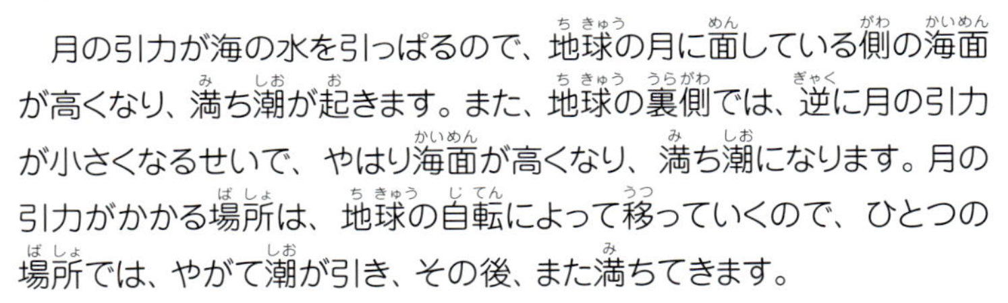

月の引力が海の水を引っぱるので、地球の月に面している側の海面が高くなり、満ち潮が起きます。また、地球の裏側では、逆に月の引力が小さくなるせいで、やはり海面が高くなり、満ち潮になります。月の引力がかかる場所は、地球の自転によって移っていくので、ひとつの場所では、やがて潮が引き、その後、また満ちてきます。

こうした潮汐の変化には太陽も関係しています。一年のある時期、太陽の引力のせいで、満潮と干潮の差が一段と大きくなるのです。

3秒でまとめ

海岸は
海と陸地が
出会う
場所。

3分でできる「波の回りこみ」

用意するもの：大きくて深めのトレー、コップ、プラスチック製の保存容器などの四角いふた。

1. トレーに深さ1cmくらいになるよう水を入れる。
2. トレーの中央に、コップをさかさにして立てる。
3. ふたの一辺を水に入れて動かし、小さな波をたてる。
4. 波はコップの周囲をまわり、反対側で合流するのがわかるはず。海の波も、こうして海岸に突きでた岬の向こう側に回りこむ。

海岸の地形は、
風と波の力による
侵食で作られる。
硬い岩は
侵食がゆっくりとしか進まず、
それが残って岬になる。
岬では侵食によって
洞窟ができ……
……それが、やがて
アーチになる。
その後、アーチがくずれ、
岩の柱が残る。
岩が比較的やわらかくて
弱い場所では、
侵食が早く進み、湾ができる。

30秒でわかる 川

地球にある水のうち、川として流れたり、湖にたまったりしているのは、わずか1パーセントにすぎません。こうした水を淡水と言います。川は陸上の水を海まで運んでいきます。そして流れていく途中で、まわりの地形を作っていきます。

川は流れながら、大量の堆積物（石や砂や泥）を運んでいきます。石は川床をけずり、谷を作ります。堆積物の一部（多くは砂や泥）は氾濫原に残り、農業に適した肥えた土壌になります。

海が近づくと、川はいよいよ最後の舞台を迎えます。海に流れこむ河口部分では、さらに多くの堆積物を残し、それが扇形に広がって、三角州（デルタ）と呼ばれる新しい土地を作ります。

ナイル川は世界最長の川です。全長6695kmにおよぶナイル川は、アフリカ大陸のさまざまな国を通って流れくだり、世界でも有数の三角州を作っています。

3秒でまとめ

川は陸上の水を海まで運ぶ。

3分でできる「川の堆積物」

用意するもの： 大きなトレー、厚さ2～3cmの木片、砂、水、実験ができる屋外の場所（かなり汚れます！）

❶ トレーに砂を数ミリの厚さにしきつめ、一方を木片の上において傾斜させる。

❷ 高くした方からゆっくりと水を注ぐ。砂がどうなるか観察しよう。

❸ 水によって運ばれた砂が、トレーの低い方の端にたまるはず。川もこのようにして堆積物を運んでいく。

川はさまざまな地形をぬって流れ、
また、流れながら地形を作り、
水を海まで運ぶ。
上流では、
川は山の高いところにある
水源から流れだし、
急流となって
斜面を下っていく。
中流では、
流れがおそくなり、
左右に曲がりくねって
大きく蛇行する。
川の左右にあって、
洪水の時に浸水する平地を
氾濫原という。
川が海に流れこむ場所を
河口という。
多くの堆積物が残されて、
三角州となることもある。

30秒でわかる

湖

地面のくぼみを見つけて、そこに水をたくさんそそいでみてください。すると、小さな湖ができますね！　つまり湖とは、くぼみにたまった水のことです。

湖にはいくつかの種類があります。山岳地帯には、大昔、氷河によってけずられたくぼみにできた氷河湖がたくさんあります。三日月湖は、川が蛇行した部分がもとの川から切りはなされてできたものです。

地球のプレートの動きによって、地面が広い範囲にわたって上下にずれ、そのくぼみ（地溝）にできた湖を地溝湖または断層湖といいます。活動していない火山の火口にできた火山は、火山湖と呼ばれています。

湖の水はどこから来るのでしょう？　流れこんでくる川の水や氷河の溶けた水、地中からしみでてくる水などが湖を作ります。空からふってくる雨水もたまっていきます。こうした水は塩分が少ない淡水ですから、湖はふつう淡水湖です。

しかし、中には塩からい水でできた湖もあります。これは、湖底の岩から塩分が溶けだしているからで、水が蒸発すると水中の塩分の割合はさらに高くなります。こういう湖を塩水湖といい、カスピ海はそのひとつです。

3秒でまとめ

湖とは
地形に
できたくぼみに
水が
たまったもの。

世界一大きい湖、深い湖

世界最大の湖はロシアとイランのあいだにあるカスピ海で、面積は37万1000㎢。淡水湖ではカナダとアメリカ合衆国のあいだにある五大湖のひとつ、スペリオル湖が世界最大で、面積は8万2100㎢。これはオリンピックの競泳用プールの水面の約6600万倍にあたる！
世界でいちばん深い湖はロシアにあるバイカル湖で、もっとも深い場所で、水深1642m、つまり、湖底まで1.5km以上ある。

湖は、地面のくぼみに
水がたまったもの。
でき方によって、
いろいろな湖がある。

30秒でわかる

氷河

世界でも指おりの高い山の頂上は、一年中いつ登っても雪でおおわれています。山の頂上付近に積もった深い雪は、何千年もかけて徐々に氷に変わっていきます。

そして、氷河と呼ばれる巨大な氷の川となり、ゆっくりと山を下っていくのです。氷河が動いているかどうかは、ひと目見ただけではわかりません。氷河の動く速度は、1日に2メートルほどです。

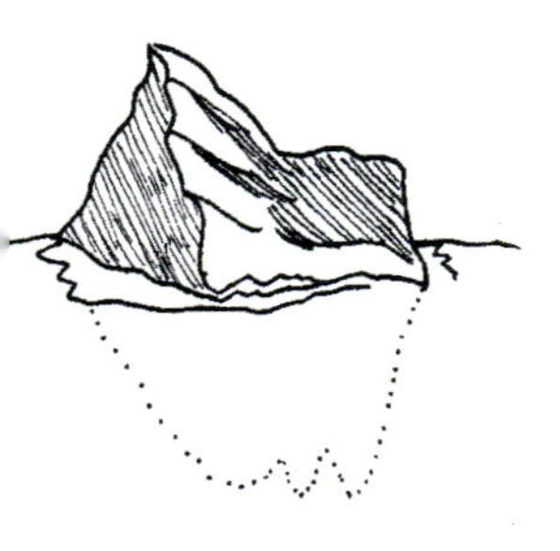

南極大陸やグリーンランドをおおっている広大な面積の分厚い氷の層も氷河の一種で、氷床、あるいは大陸氷河と呼ばれています。

氷河は長い時間をかけて山肌をけずり、山頂近くではカールと呼ばれる丸いおわん形のくぼみを残し、そのあと、U字谷と呼ばれる、左右が切りたち、底が平らな谷を作ります。

下っていった氷河の先端部分で氷は溶け、運ばれてきた石や土砂がたまっていきます。

最後を海や湖で迎える氷河もたくさんあります。こういう氷河の先端では、巨大な氷の塊がくずれ、すさまじい音をたてて水中に落ちていきます。

3秒でまとめ

氷河は
ゆっくり動く
氷の川。

3分でできる「氷河を空から見てみよう」

用意するもの：Google Earth（グーグル・アース）のアプリを入れたパソコン、またはタブレット端末かスマートフォン。

❶ Google Earthをひらく。

❷ 検索ボックスに「ヒマラヤ山脈」と入力。

❸ ズームインして、ヒマラヤ山脈をくわしく調べてみよう。

❹ 次に「エベレスト」と入力してみよう。
エベレストの斜面から流れくだっていく氷河が見つかるかな？

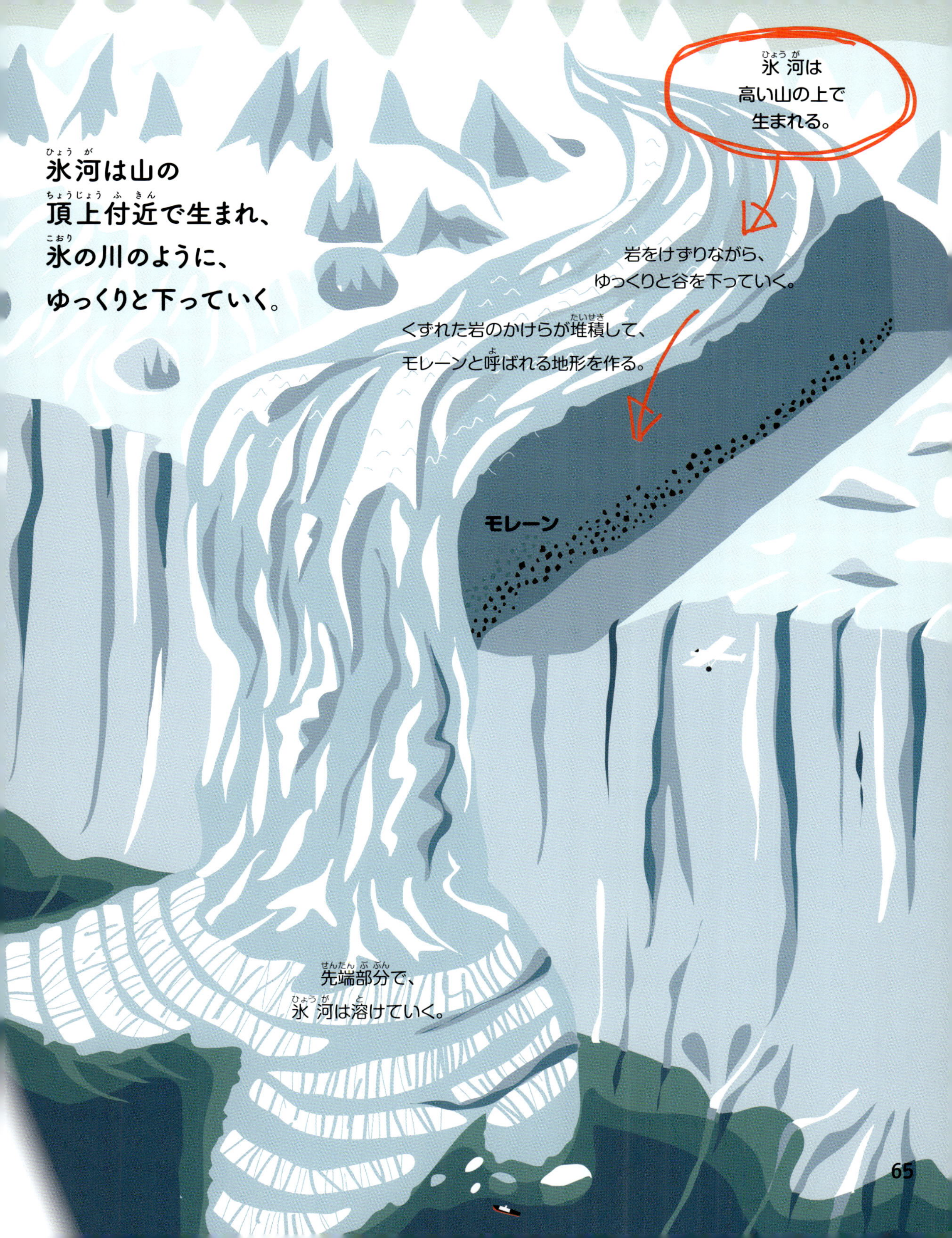
氷河は山の
頂上付近で生まれ、
氷の川のように、
ゆっくりと下っていく。
氷河は
高い山の上で
生まれる。
岩をけずりながら、
ゆっくりと谷を下っていく。
くずれた岩のかけらが堆積して、
モレーンと呼ばれる地形を作る。
モレーン
先端部分で、
氷河は溶けていく。

驚くべき生態系

生態系とは、植物や動物などの生物が、土や空気や水といった無生物を利用しながら、生きていくために互いをよりどころにしている共同体です。広大な砂漠全体でひとつの生態系がなりたっていることもあれば、小さな水たまりの中に生態系がある場合もあります。この章では、じめじめした熱帯雨林から絶海の孤島まで、凍えるような極地から色あざやかなサンゴ礁まで、地球上にあるすばらしい生態系の一部を紹介します。

驚くべき生態系

用語集

雨陰　山を上る時に雨をふらせた風が、山を越えると乾燥し、風下側で雨が少なくなる現象。また、その風下側の地域のこと。

オアシス　砂漠の中にある、水があって植物が育つことのできる場所。

隔離　ほかのすべてのものから切りはなされている状態。

下層　熱帯雨林の、林床のひとつ上の層で、日光がほとんど届かない。

極　地球の地軸の両端にある二点。

砂丘　風で運ばれてきた砂が積もってできた山。海の近くや砂漠にできる。

サンゴ礁　海中で、とても小さな動物の死骸などが積みかさなってできた石灰質の地形。

生態系　特定の地域に見られるすべての生物と無生物をひとつのまとまりとして見たもの。

大陸　ヨーロッパ、アジア、アフリカといった、地球上にある大きな陸地。

地軸　地球の中心を南北につらぬく想像上の線で、地球はこの軸を中心に回転（自転）している。

超高木層　熱帯雨林の、もっとも高いところにある層で、林冠の上に、さらに高い木の枝がのびている部分。

赤道　地球の表面をぐるりと巻いている想像上の線で、南北の極から等しい距離にある。

熱帯　赤道の南北に広がる地域。一年中気温が高い。

熱帯雨林　雨の多い熱帯地方にある樹木が密生した森。

熱帯山地雨林　熱帯雨林のうち、海抜1000m以上の山地に見られる森林。

熱帯低地雨林　熱帯雨林のうち、海抜1000m以下の土地に見られる森林。

哺乳類　子どもを生んで乳で育てる動物。ウマ、ヒト、クジラはどれも哺乳類。

ポリプ　小さな海洋動物に見られる、触手のある単純な筒状の体の構造。岩などに体を固定して生活する。サンゴもこうした動物の一種。

マングローブ林　熱帯の海岸地域に広がる森林。海水の塩分がまじった水の中でも育つ樹木からなる。

林冠　樹木の枝葉が屋根のように広がっている部分で、熱帯雨林では２番目に高いところにある層。

林床　森林の地表面。熱帯雨林の林床は非常に暗く、わずかな光で育つ植物や菌類などが生育している。

30秒でわかる 砂漠

みなさんが、砂漠と言われて思いうかべるのは、焼けつくような熱い砂がどこまでも広がる土地ではないでしょうか。でも、すべての砂漠が砂でおおわれているわけではありません。岩があったり、石だらけだったりする砂漠もあります。氷でおおわれた南極大陸も、じつは乾燥していて、砂漠に分類されるのです！　砂でできた砂漠では、表面の砂が風で吹きよせられて高く積もり、砂丘ができます。砂丘の高さは数百メートルに達することがあります。

砂漠はすべて乾燥しています。内陸にある砂漠は、海からはなれているためめったに雨がふりません。山脈の裾野に砂漠ができるのは、雨が山にふってしまい、風下の土地にふらないからです。そうした地域を雨陰と呼びます。

アタカマ砂漠はアンデス山脈の雨陰にあります。この砂漠には、もう何百年も雨がふっていない場所があります。アフリカのサハラ砂漠のように、多くの砂漠は、一年中、昼間はすさまじい暑さです。しかし、アジアの北のほうにあるゴビ砂漠のように、冬はとても寒い砂漠もあります。どの砂漠も、夜は寒くなります。

驚くべきことに、こうしたきびしい環境で生きている動植物がいます。そういう生き物たちは、生きていくための特別なしくみを体に備えています。たとえばラクダは、何日も水を飲まず、何週間もものを食べずに生きられますが、それは、こぶの中の脂肪を食べ物のかわりにし、からからに乾いた糞をすることで水分を失わないようにしているからです。

砂漠は
めったに
雨がふらない
場所。

3分でできる「砂丘を作ろう」

用意するもの：古いトレー、砂。（この実験は屋外でやろう。）

1. まず、トレーに砂をひとつかみ入れ、砂丘に見たてた山を作る。
2. トレーの端と同じ高さに口を近づけ、その砂丘にむかってそっと息を吹きかける。
3. 砂が砂丘の手前を上にむかって飛ばされ、その後、むこう側へおりていくのがわかるはず。

砂の多い砂漠では、風の力で砂丘ができる。

砂漠のきびしい環境に適応して
生きている動植物もいる。

バルハン砂丘
三日月型の砂丘。

星形砂丘
星の形をした砂丘。

アカシアの木

縦砂丘
風の向きに平行に
できる細長い砂丘。

ラクダ

横砂丘
風の向きに直角にできる
細長い砂丘。

オアシスは、
砂漠の中の水がある場所のこと。
地下水が湧きでていることが多い。

オオトカゲ

クサリヘビ

30秒でわかる

熱帯雨林

熱帯雨林は赤道近くの熱帯にある森林で、気温も湿度も高く、毎日のように雨がふります。熱帯雨林には、世界の植物種の3分の2が見られます。

熱帯雨林は、地球の陸地面積の約6パーセントを占めていると言われ、アマゾン熱帯雨林のような熱帯低地雨林と、山の斜面に広がる熱帯山地雨林があります。また、熱帯の海岸地域にはマングローブ林もあります。

世界最大の熱帯雨林は、南アメリカのアマゾン川流域に広がるアマゾン熱帯雨林で、その広さは、インドの国土面積の2倍近くもあります！

熱帯雨林の中では、サッカーグラウンドほどの広さに数百種もの動植物が生息していることがあります。もっとも多く見られる生物は昆虫ですが、鳥類、霊長類、爬虫類、クモ、カエルなども、多くの種が生息しています。

3秒でまとめ

熱帯雨林は高温で、雨が多い。

熱帯雨林の植物

熱帯雨林の植物の中には、人の役にたつ成分をふくんでいるものや食べられるものも多い。

- ラテックスはゴムノキの樹液で、ゴムの原料になる。ゴムは自動車のタイヤなどに使われる。
- ブラジルナッツ、カシューナッツ、コーヒー、マンゴー、バナナは食用になる。
- 竹や籐は家具の材料になる。
- チョコレートの原料になるカカオや、アイスクリームに入れるバニラなど、みなさんが大好きな食べ物に使われるものも。

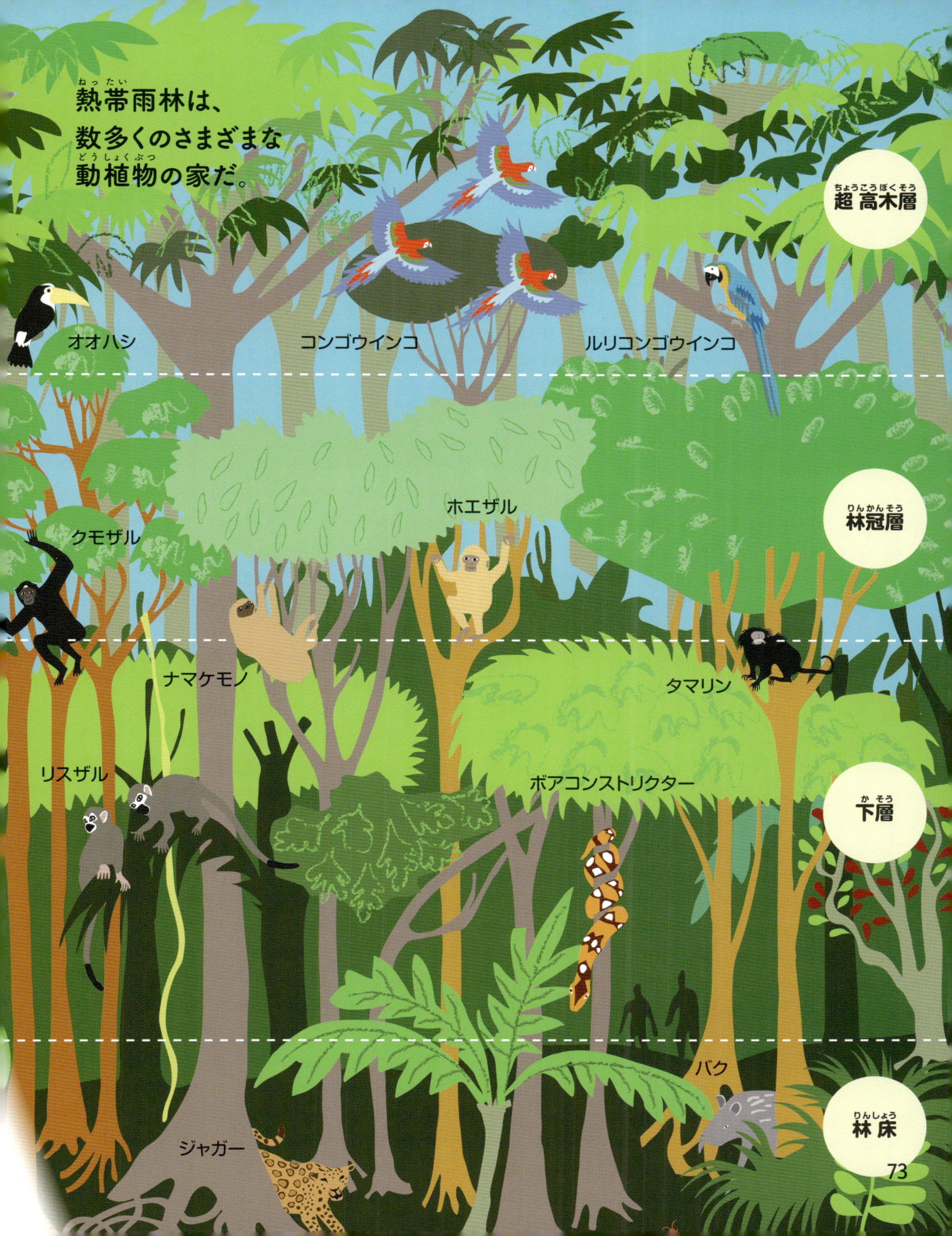
熱帯雨林は、
数多くのさまざまな
動植物の家だ。
超高木層
林冠層
下層
林床
オオハシ
コンゴウインコ
ルリコンゴウインコ
ホエザル
クモザル
タマリン
ナマケモノ
リスザル
ボアコンストリクター
バク
ジャガー

30秒でわかる
極地

地球の果てまで行くと、そこにあるのが極です。極は地球の地軸（地球を南北につらぬいている想像上の直線）の北と南の端にあたります。

北極、南極では、あたりは氷にとざされていて、すさまじい寒さです。北極は北極海の中心にあり、海面は一年中凍っています。北極海をおおう氷は、冬には大きくなり、夏には小さくなります。南極は南極大陸にあります。南極大陸は分厚い氷の層でおおわれた広大な大陸です。

極地は一年中寒いのですが、冬はとくに寒くなります。北極では気温が零下60℃にもなります。真冬になると太陽は地平線から顔を出さず、反対に、短い夏の盛りには一日中沈むことがありません。

ホッキョクグマやペンギン、アザラシといった動物たちは、極地の凍りつくような寒さの中での暮らしに適応しています。体は厚い毛皮や羽毛、脂肪でおおわれ、寒さをよせつけません。

3秒でまとめ

北極、南極は一年中寒い。

3分でできる「水に浮かぶ氷山」

用意するもの：ガラスのコップ、氷、定規。

1. コップに水を半分入れ、そこに氷山に見たてた氷を浮かべる。
2. 水をコップのふちまで、ゆっくりと足していく。
3. 氷山が、水の上に何ミリ出ているか、水の下に何ミリ沈んでいるか、定規で測ってみよう。
4. 沈んでいる部分は、水面に出ている部分の9倍近くあるはず。

北極圏には、ホッキョクグマ、トナカイ、キツネなどの哺乳類がいる。

北極圏にある陸地には草や木が生えている。

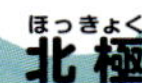

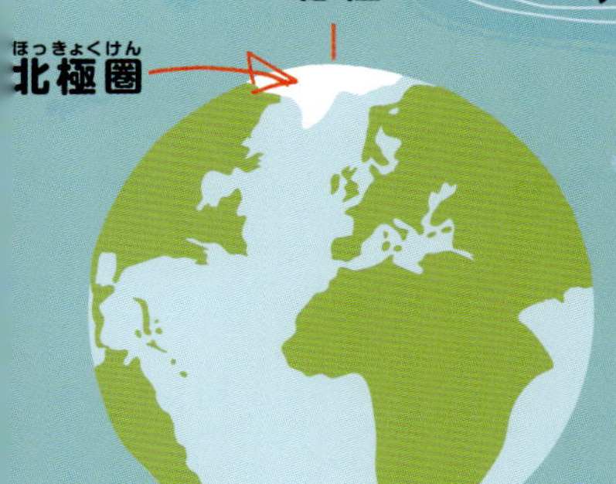

北極、南極では、わずかな動植物しか生きていけない。

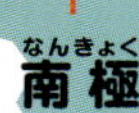

南極大陸に木はなく、草もほとんど生えていない。

南極大陸にはペンギンや海に住む哺乳類はいるが、探検隊の人たちをのぞいて、陸上で暮らす哺乳類はいない。

30秒でわかる
島

島は、まわりをすべて海にかこまれた陸地です。サンゴ礁の上にできた直径わずか数メートルの島もあれば、数百キロもある大陸のように巨大な島もあります。低くて平らな島もあれば、高い山のある島もあります。

気候もさまざまで、熱帯の暑くてじめじめした島から、極地近くにある、寒いけれど、やはり湿度の高い島まであります。島では風が強いことが多いのですが、それは、四方が海で、風をさえぎるものがないからです。

グリーンランドは世界最大の島です。この島の4分の3は、厚い氷床でおおわれています。海岸に近い地域は内陸部より気温がやや高いので、ほとんどの人は沿岸部で暮らしています。

その島でしか見られない動植物が生息している島もたくさんあります。ほかの陸地から地理的に隔離されているために、島の野生生物は独自の進化をとげるからです。ガラパゴス諸島は南アメリカの西の沖合にあり、体長1.5mにもなる大きな陸ガメが生息しています！　この陸ガメは、背の高い植物の葉などをエサにするために進化し、首が長くなっています。

3秒でまとめ

島は、周囲を水でかこまれた陸地。

3分でできる「水に浮かぶ種子」

植物の種子が島に流れつくと、そこで芽を出して育つことがある。

用意するもの:大きめのボウル、種子や果物（乾燥させた豆類や、リンゴ、ブラジルナッツ、ヒマワリの種など）。

まず、用意した種子や果物が水に浮くかどうか予想する。その後、ひとつずつ水に浮かべてみる。いつまで浮いていられるか確かめ、その種子や果物が、沈まずによその陸地に流れつくかどうか考えてみよう。

植物や動物は、よその土地から島にわたってくる。
そして、その島に定着して繁殖し、
その後、独自の進化をとげる。
風が種子を運ぶ。
鳥やコウモリは
果物を食べ、
種子がまじった糞を落とす。
海ガメのような動物は、
泳いで島に
わたることができる。
ココナッツは水に浮く。
トカゲなど、
あまり泳げない動物は、
水に浮かんだ木の枝に
乗ってわたってくる
ことがある。

30秒でわかる
サンゴ礁

きらきら光るすんだ水の中、色あざやかな魚たちが、樹木や扇、時には人間の脳のような形をしたサンゴのあいだをぬって、すいすい泳いでいます。ようこそサンゴ礁へ！

サンゴ礁にはじつにさまざまな種類の動物が暮らしていて、海水魚や海綿動物、ヒトデやカニなどの種の3分の2がサンゴ礁で見られます。

サンゴは生きています。サンゴの個体は、ポリプと呼ばれる、触手のあるとても小さな筒状の体をしていて、サンゴ礁では、その個体が、無数に集まって生活しています。サンゴのポリプは、やわらかい体のまわりに自分で作った石灰質の硬い殻をまとっています。サンゴが死ぬと体は腐ってしまいますが、硬い殻は残ります。

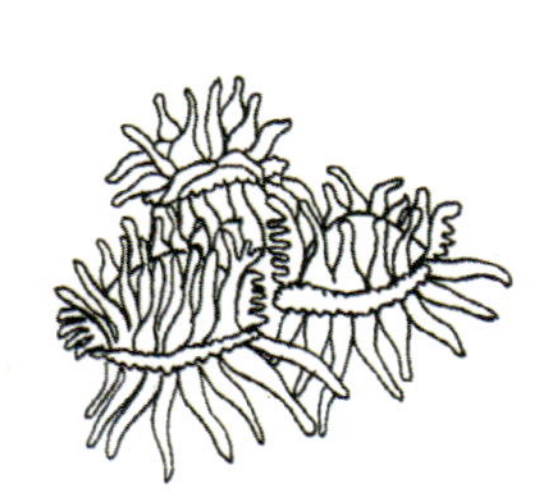

古い殻の上に新しいポリプが成長し、それを長年くりかえしているうちに、古い殻がさまざまな形になり、その外側に生きたサンゴが着いている状態になります。そして、何百年、何千年たつと、こうしたサンゴの集団がいくつもつらなって、サンゴ礁と呼ばれる地形を作るのです。

サンゴは主に、温かくて浅い海で育ちます。ですから、ほとんどのサンゴ礁は熱帯の海岸ぞいや海中にある山の上にあります。

オーストラリアのグレート・バリア・リーフは世界最大のサンゴ礁で、その面積はおよそ3500万ヘクタール。なんと、サッカーグラウンドの7000万倍の広さです！

3秒でまとめ

サンゴ礁は
生きている
動物によって
作られる。

3分でできる「グレート・バリア・リーフ発見」

用意するもの：Google Earth（グーグル・アース）のアプリを入れたパソコン、またはタブレット端末かスマートフォン。

❶ Google Earthをひらく。

❷ オーストラリアを見つけたら、北東側の海岸を見てみよう。

❸ 海岸ぞいに、グレート・バリア・リーフが見つかるはず。

サンゴ礁は、ポリプと呼ばれる形態のとても小さな動物が作った地形で、さまざまな海洋生物にとって、かけがえのない生息地になっている。
サンゴのポリプが新しいサンゴ礁を作るのに1000年かかる。
サンゴの幼生
クラゲ
バンドウイルカ
ヨシキリザメ
ヒトデ
エイ
クマノミ
ウミウチワ
タツノオトシゴ
チョウチョウウオ
サンゴガニ
海綿
タコ

地球の未来

地球という惑星にはどんな未来が待っているのでしょう？　もちろん、それはだれにもわかりません。ひとつ確かなことは、地球がものすごい速さで変わりつつあることです。世界中でこれまでなかったような気象現象が起き、貴重な生態系が破壊されています。こうした変化の多くは、もとをたどれば人間の活動によって引き起こされたものです。でも、悪い話ばかりではありません。この章では、今、なにが起きているのか、そして、地球を救うためにどんなことができるのかを見ていきます。

地球の未来 用語集

汚染　汚れたものや有害物質が土や空気や水にまじり、気持ちよく安全に使えなくなってしまった状態。

温室効果　二酸化炭素のような自然界に存在する気体が、太陽からの熱を地球の大気中にとじこめ、気温が徐々に上昇すること。

干ばつ　長期間、雨がほとんど、あるいはまったくふらない状態。

気候　ある場所に見られる、くりかえし起きる気象のパターン。

サンゴ礁　海中で、とても小さな動物の死骸などが積みかさなってできた石灰質の地形。

資源　国や人々が使うことのできる物のたくわえ。

種　互いに似ていて、繁殖ができる動植物の集団。

侵食　地表が、流水や風、波などの自然作用によって徐々にけずられていくこと。

生態系　特定の地域に見られるすべての生物と無生物をひとつのまとまりとして見たもの。

絶滅　ある種の植物や動物がすべて死にたえてしまい、存在しないこと。

大気　地球をとりまいている、さまざまな気体がまじりあったもの。

太陽エネルギー　太陽の光から得られるエネルギーで、電力や熱などに変えて利用できる。

地球温暖化　地球の大気の温度が上昇する問題。原因は、特定の気体、とくに二酸化炭素の増加で、その一部は人間の活動によって発生したもの。

二酸化炭素　人や動物が呼吸したり、炭素を燃やしたりすると発生する気体。

熱帯雨林　雨の多い熱帯地方にある樹木が密生した森。

風力エネルギー　風から得られるエネルギー。動力や電力に変えて利用できる。

リサイクル　一度使われたものを、もう一度使えるように処理すること。

30秒でわかる
変わっていく気候

気候は時代とともにうつり変わっていくことを知っていましたか？　科学者たちは、今の気候は、過去1万年のどの時代よりも急激に変化しているのではないかと考えています。

気候は自然に変わっていくこともあります。しかし、今、起きている変化は人間の活動によって速まっていると、ほとんどの専門家は言っています。

そのわけを理解するには、大気中でなにが起きているのかを考えなければなりません。地球の大気の中には、太陽からの熱をとじこめておく働きをする気体がふくまれています。二酸化炭素をはじめとする、こうした気体（ガス）を温室効果ガスといい、おかげで地球は冷たくならずにすんでいます。

人間が毎日行なっている、たとえば石炭や石油やガスを燃やすといった活動は、二酸化炭素を生みます。二酸化炭素は上昇して大気にまじり、余分な熱をとじこめてしまうので、地球が一段と暖かくなっているのです。これを地球温暖化といいます。気候が大きく変わったことで、暴風雨や洪水や干ばつといった、激しい気象現象がふえています。

地球温暖化を食いとめるには、エネルギーや交通機関に使う燃料をへらしたり、二酸化炭素をあまり出さない燃料を開発したりすることが望まれます。また、樹木は二酸化炭素を吸収してくれますから、森林の伐採をへらし、新たに木を植えていくことが、わたしたちの地球を救うことにつながります。

気候変動とは、気象パターンの変化のこと。

エネルギー代をカット

家庭で冷暖房にかかる費用をへらすのは簡単だ。冷暖房器具の設定温度を快適に生活できるぎりぎりの温度にすればいい。たとえばエアコンなら、冬の暖房の設定温度は20℃を目安に、夏の冷房の設定温度は28℃を目安にする。暖房の設定温度を1℃下げると、年間約1170円、冷房の設定温度を1℃上げると、約670円の光熱費を、温室効果ガスである二酸化炭素の発生量を、それぞれ18.6kg、10.6kgへらすことができる。（資源エネルギー庁『家庭の省エネ大事典』　2012年版より）

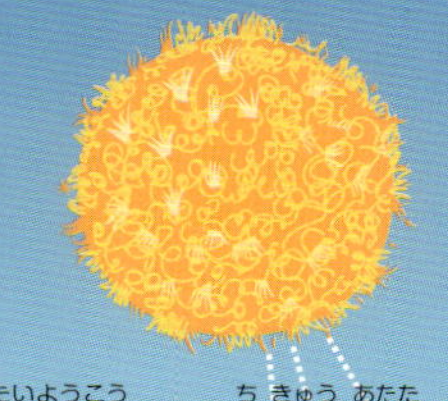

温室効果ガスは
太陽の熱を大気中にとじこめ、
地球温暖化の原因となる。

熱の一部は
宇宙空間に逃げていく。

太陽光線が地球を温める。

二酸化炭素などの気体は
大気中に残る。

こうした気体（ガス）によって、
熱が逃げにくくなる。

燃料や森林を燃やすことで、
二酸化炭素の濃度が上がる。

火力発電所

木を植えたり、風力や
太陽のエネルギーを利用したり
することで、地球温暖化を食いと
めることができる。

太陽光発電所

風力発電所

植林

30秒でわかる ゴミとの戦い

毎年、世界で使われるビニール袋は5000億枚とも言われます。計算すると、1人あたり約70枚使っていることになり、しかもそのほとんどが捨てられてしまいます！　さらに、わたしたちは膨大な量のペットボトルや缶や紙を捨てています。

ゴミの大部分は燃やされるか、地中に埋められます。埋められたゴミの一部は地中で分解するのに何千年もかかるので、このままでは、埋立に適した土地が足りなくなってしまいます。

しかし、わたしたちの出すゴミの多くは、捨てずにもう一度使ったり（リユース）、資源として再利用したり（リサイクル）することができます。そうすれば使う資源が少なくてすみ、ゴミもへります。ペットボトルの場合は、リサイクルに出す前に、リユースすることもできるでしょう。

缶をリサイクルすればエネルギーが節約できます。使用済みのアルミ缶を原料にしてアルミ缶を作れば、使うエネルギーは、一から新しい缶を作る場合の20分の1ですみます。リサイクルされたポリエチレンからビニール袋を作れば、新しいビニール袋を作る場合の8分の1のエネルギーですみます。わたしたちがリサイクル製品を買うことで、ゴミとの戦いに力を貸すことができるのです。

3秒でまとめ

わたしたちの出すゴミが環境を汚染する。

3分でできる「温室植木鉢を作ろう」

用意するもの：洗った2リットルのペットボトル、小石1つかみ、鉢植え用の土、植物の種、ハサミ、手伝ってくれる大人の人。

1. 大人の人にたのんで、ペットボトルを下から3分の1くらいのところで切ってもらう。
2. ペットボトルの底に小石を2cmくらいの厚さになるように敷き、その上に鉢植え用の土を5cmほど入れる。
3. 種を土に押しこみ、水をやる。
4. ペットボトルの縁に、4か所、縦に2cmの切りこみを入れる。最初に切りはなしたペットボトルの上3分の2をかぶせ、切りこみにはめこむ。
5. できあがった植木鉢を日当たりのいい窓の前におく。種が芽を出し、育っていく様子を観察しよう！

使用済みの紙やガラス、プラスチックや缶などは、すべてリサイクルして新しい製品を作ることができる。

ジュースの紙パック
包装紙
パズル
おもちゃ
靴
Tシャツ
イヤリング
びん
道路の舗装材
ビー玉
自動車部品
傘
椅子
紙
ガラス
プラスチック
缶

30秒でわかる

消えゆく生息地

人間は世界中で野生生物の生息地を破壊し、動植物を危険にさらしています。人間は植物や動物が生きている土地を切りひらき、新しい家や工場や畑にしているのです。さらに、それによって、川や沿岸の海が汚染されています。

生息地が破壊されると、生き物たちは新しい環境に適応するか、どこかよそに生きていく場所を見つけなければなりません。どちらもできなければ、その種が絶滅してしまうおそれがあります。

熱帯雨林にある生息地は深刻な危機にあります。世界のどこかで、毎秒サッカーグラウンドほどの広さの熱帯雨林が失われています。人々は木材を手に入れ、切りひらいた土地を鉱山や農地にするために、森林を伐採しているのです。その結果、熱帯雨林に生息する数多くの動植物の種がすっかり姿を消し、熱帯雨林に暮らす人々の生活も破壊されています。

サンゴ礁も、汚染や採掘、希少なサンゴや貝の収集によっておびやかされています。世界のサンゴ礁の4分の1がすでに破壊され、およそ6割が危機的状況にあります。

3秒でまとめ

世界中で動植物の生息地が破壊されている。

3分でできる「絶滅？　絶滅の危機？」

動植物の多くの種がすでに絶滅し、さらに多くの種が、絶滅の危機にある。右にあげた動物のリストを見てみよう。すでに絶滅しているのはどの動物だろうか？　そして、絶滅の危機にあるのは？　生息地はどこにあり、そこでは今なにが起きているのだろうか？

- オランウータン
- スマトラサイ
- マレーグマ
- クロクモザル
- キノボリカンガルー

熱帯雨林を伐採すると、かけがえのない
動植物の生息地が破壊され、地面の侵食が進む。
ひらけた土地を
作るために、木が切り
たおされて焼かれる。
農家はその土地で
しばらくのあいだ
作物を育てる。
作物を育て、土の中の
栄養分がなくなってしまうと、
農家はその土地をはなれて、
よそへ移ってしまう。
表面の土が雨などで
侵食され、なにも育たなくなる。

30秒でわかる
地球を救おう

地球を救うために、あなたにもできることをいくつかあげておきます。

●友だちや家族に、出かける時は車を使わず、歩いたり、自転車に乗ったり、バスに乗ったりすれば、燃料の節約になる、という話をしよう。

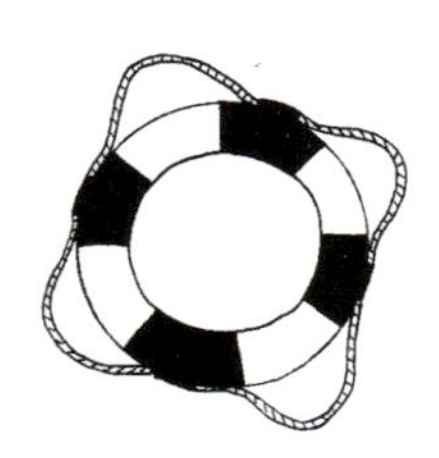

●部屋を出る時は必ず明かりを消し、シャワーを使う時間を1分縮めてみよう。貴重なエネルギーだけでなく、お金の節約にもなる！

●家では、使えるものは、できるだけ捨てずに再使用（リユース）しよう。ペットボトル、段ボール、使用済みの紙は、工作をする時に手軽に利用できる。もうだれも使わないものは、必ずリサイクル品として処理しよう。

●友だちと募金活動をして、集まったお金を、たとえば貴重な野生動物の生息地を守る活動など、環境保護プロジェクトに送ろう。

●学校に環境クラブがあるなら、活動に参加してみよう。なければ、友だちを集めてクラブを作ってもいい。そして、どんな活動をするか決めよう。同じ学校の生徒たちに、省エネや水の節約を呼びかけてみてはどうだろうか？

3秒でまとめ

いろいろな方法で、地球を守る活動に参加できる。

3つのR

3つのRに努めよう。

Reduce（リデュース—ゴミや使うエネルギーをへらす）：車に乗らず、できるだけ歩く。

Reuse（リユース—捨てずにくりかえし使う）：着なくなった服や遊ばなくなったおもちゃはチャリティショップ（市民が無償でもちこんだ品物を必要な人に売り、その売上金を慈善活動や環境保護活動にあてる店）へもっていく。

Recycle（リサイクル—資源として再利用する）：新聞・雑誌や牛乳パック、びん・缶・ペットボトルなどは、分別してリサイクルボックスへ。

わたしたちにもできる小さなことが、
積みかさなって力となり、
地球を救うことにつながる。
環境保護活動への参加
地球を救おう！
バスに乗る。
木を植える。
使わなくなったものは
チャリティショップへ。
歩いて。
自転車で。
シャワーは手早く。
ゴミを拾う。
リサイクル
ボックスの
利用。

自然の中に生きる

東京大学名誉教授　**木村龍治**

地球上に存在するあらゆる生物は、地球の恩恵を受けて暮らしています。空気や水がないと生きていけません。生物は、自然環境と関係をもちながら存在するようにできているのです。一方で、自然は、大きな災害をもたらします。日本に住んでいれば、地震や火山噴火を避けることができません。自然環境は、普段は人に優しいが、ときどきどう猛になる野生動物のようなものです。私たちは、自然環境という“野生動物”とつきあって生きていかざるを得ない宿命を背負っています。

地球の表面でうまく暮らすことを「自然環境に適応する」といいます。自然災害で大きな被害が出るということは、人間が、まだ、自然環境に十分適応できていないことを意味します。それでは、どうしたら適応することができるのでしょうか。そのための第一歩は、自然環境を知ることです。しかし、これは、なかなか難しい。地球の自然は非常に複雑です。手にとって観察するというわけにはいきません。昔から、この世界がどのような構造になっているか、多くの人が考えてきました。地球が宇宙の中心に存在すると考えられていた時代もありました。現在は、宇宙科学や地球科学の枠組みの中で、自然環境のしくみが研究されています。

本書は、地球科学の成果を分かりやすく伝える本です。私は長年、地球科学の勉強をしてきましたが、「30秒でわかる地球」というタイトルには驚きました。複雑な自然の世界を30秒で知るなんて無謀としか思えません。しかし、読み終わった後には、なるほど、と思いました。あたかも、世界のすべてを一望できる展望台に案内してもらったという感じなのです。この展望台の上で、頭を回転させれば、30秒間で、世界全体を見渡すことができます。遠くには、宇宙があり、近くには地球があります。水平線には海が広がり、その手前には、熱帯雨林、砂漠、極寒の極地など、さまざまに表情を変える陸地があります。それらを一望の下に見渡すことができる展望台が本書なのです。

本書で地球の景色を展望したら、次は、その景色の中に入っていって、君自身の五感で、自然の姿を感じてください。野外に出ることが好きな人なら、夏休みに、山でキャンプ生活をするのもよいでしょう。夜になれば、手も見えない真の暗黒が目の前に訪れます。そして、頭上には、降るような満天の星がみえるでしょう。自然の中に住んでいるという実感がわいてきます。野外に出るよりも部屋で静かにしていることが好きな人ならば、『海底二万里』や『地底旅行』などジュール・ベルヌの小説を読むことをお勧めします。ジュール・ベルヌは、君を驚異に満ちた海底や地底の世界に案内してくれるでしょう。

私の場合は、自宅の窓から見える空を観察しました。といっても、自分の目で観察したわけではありません。窓から外に向けて、コマ撮り機能のあるビデオカメラをセットし、朝から夜までを10分間で見られる映像を撮影したのです。毎日、毎日、3年間、撮影しました。その結果、上空の雲は、常に、西から東に移動することがわかりました。日本列島は、西から東に流れる空気の大河の底に横たわっていたのです。そして、そこに住む私たちは、川底で暮らすカニやエビのような存在に似ていると気付きました。

自然の不思議に興味をもったら、粘り強く自然を観察してください。どんなに身近な自然でも、不思議な世界に繋がっています。不思議の国のアリスが、ウサギによって不思議な世界に導かれたように、君の人生を豊かにする世界が目の前にあらわれてくるかもしれません。

索引

た行

な行

索引